低维纳米材料热输运性能的分子动力学模拟

董海宽 著

北 京

冶金工业出版社

2023

内 容 提 要

本书系统介绍了低维纳米材料热输运性能的分子动力学模拟方法，及其在一些具有代表性的低维纳米材料中的应用，如碳纳米管、石墨烯、二维材料等。主要内容包括：低维纳米材料热输运性能及相关理论，分子动力学模拟的基础知识，分子动力学模拟热输运方法及应用，几种具有代表性的复杂结构的热输运性能，以及机器学习势在热输运领域的应用。

本书的目标读者包括物理学、化学、材料科学及工程等领域的研究人员和工程师，以及对微纳米尺度传热问题感兴趣的科研人员及高校师生。

图书在版编目（CIP）数据

低维纳米材料热输运性能的分子动力学模拟／董海宽著. —北京：冶金工业出版社，2023.8

ISBN 978-7-5024-9624-1

Ⅰ.①低…　Ⅱ.①董…　Ⅲ.①分子—动力学—模拟方法—应用—纳米材料—热传导—研究　Ⅳ.①TB383

中国国家版本馆 CIP 数据核字（2023）第 163247 号

低维纳米材料热输运性能的分子动力学模拟

出版发行　冶金工业出版社　　　　　　　电　　话　(010)64027926
地　　址　北京市东城区嵩祝院北巷 39 号　邮　　编　100009
网　　址　www.mip1953.com　　　　　　电子信箱　service@ mip1953.com

责任编辑　姜恺宁　美术编辑　吕欣童　版式设计　郑小利
责任校对　李欣雨　责任印制　禹　蕊
三河市双峰印刷装订有限公司印刷
2023 年 8 月第 1 版，2023 年 8 月第 1 次印刷
710mm×1000mm　1/16；7.5 印张；144 千字；107 页
定价 69.00 元

投稿电话　（010)64027932　投稿信箱　tougao@cnmip.com.cn
营销中心电话　（010)64044283
冶金工业出版社天猫旗舰店　yjgycbs.tmall.com
(本书如有印装质量问题，本社营销中心负责退换)

前　言

　　随着现代新兴纳米技术和工艺的进步，微纳尺度半导体电子器件得以迅猛发展，并展现了一系列新奇的物理特性及潜在的应用价值。然而，这些器件在能量传输过程中必然存在热传输或热耗散形式的能量转换。它们具有高性能和小尺度的特点，这带来了严峻的控温挑战，散热及传热问题极大地限制了这些器件的性能。有效的热管理与热控制及定向传热已成为当前传热领域研究的重点和方向。许多电子设备系统的热管理技术已是不可或缺的重要技术，如激光器、雷达、航天飞机、超算数据中心等。这些电子系统所涉及的芯片和器件，除具有小型化、高集成、高热流密度的特点外，还要满足大规模化和极端环境条件的要求，必须面对热管理相关的产热、传热、散热及隔热一系列复杂的热输运问题，特别是以新兴材料为代表的微纳尺度传热。新兴材料及其热管理是下一代电子器件和设备研制的核心要素，已成为近些年来国际热科学研究的热点问题之一，也是"后摩尔"时代电子技术发展的一项重大挑战。

　　尽管实验测量方法进展迅速，但进行纳米级热传导实验仍然具有很大的挑战性。存在实验测量困难及测量精度不足而导致较大误差等诸多不可预见和不可靠因素。因此，迫切需要理论计算方法来辅助实验研究，以解释当前测量技术尚不成熟的潜在机制或预测新的物理现象。而以前的理论工作由于计算技术及资源的限制仅仅考虑过较小的体系，且得到的往往是弹道输运现象，与现实的实验情形相去甚远。采用多尺度的分子动力学模拟方法更有利于探索新型低维纳米结构中几何构型（形状、尺寸和边界等）、组分、外场（温度）以及多种散射机制（杂质散射、缺陷散射、界面散射等）对热输运性质的影响，研究调控纳米结构的热输运机制。分子动力学方法对于模拟大尺度、复杂结构的热输运性能，有着无法替代的优势。由于描述原子间相互作用的可靠势函数的限制，极大地制约了分子动力学模拟方法及时有效的应用实施。因此，需要深入研究微纳尺度的复杂结构的热输运机理，发展更精确有效的计算方法以解释或预言相关的实验现象。寻找和设计有广泛应用前景的新型导热材料、热电材料、隔热材料和热控制器件，促进分子动力学模拟方法在热输运领域中的应用与发展。

本书围绕分子动力学模拟方法计算热导率展开全面系统的讨论，主要贡献有以下三点：

（1）理解各种分子动力学模拟方法研究热输运性质的理论背景，探究这些方法不同理论背景下的近似条件，以及适用性和优缺点，有效结合这些方法为进一步深入研究复杂结构体系的热输运性能夯实基础。

（2）针对几种具有代表性的复杂结构，深挖热输运过程中因晶格振动引起的声子传输特性及相关物理机制。低维纳米材料是一个理想的理论研究平台，可为设计新型可控的热管理器件提供理论支持。

（3）探索机器学习势在热输运领域的具体应用。建立了针对声子输运性质的机器学习势训练方案，包括训练集的准备、机器学习势的训练以及声子相关特性的验证与评估。解决传统经验势可靠性差、势函数匮乏等分子动力学模拟卡脖子的问题。

本书所涉及研究内容获得国家自然科学基金项目"基于石墨烯及其它两维材料的柔性热电材料的多尺度模拟"（项目编号：11974059）、渤海大学校级重点资助科研项目"基于高精度机器学习势研究新型材料的热输运性能"（项目编号：0522xn076）、渤海大学校博士启动基金项目"新型低维纳米材料热输运性的模拟"（项目编号：0523bs008）的支持。

　　本书的出版得到了渤海大学的大力支持。在编写过程中，北京科技大学宿彦京教授、钱萍教授，渤海大学修晓明教授、樊哲勇副教授给予了大量的指导和帮助。在此，向支持本书出版的单位和个人表示由衷的感谢。

　　由于作者水平所限，书中欠妥之处恳请各位读者不吝赐教。

作　者

2023 年 4 月

术　语　表

AIMD　　　从头算分子动力学（ab-initio molecular dynamics）

AGF　　　原子格林函数（atomic green's function）

BTE　　　玻耳兹曼输运方程（boltzmann transport equation）

CNT　　　碳纳米管（carbon nanotube）

CNP　　　富勒烯封装碳纳米管的豌豆荚结构（carbon nanopeapod）

DFT　　　密度泛函理论（density functional theory）

EMD　　　平衡态分子动力学（equilibrium molecular dynamics）

GPUMD　　基于 GPU 的分子动力学计算软件（graphics processing units molecular dynamics）

GGA　　　广义梯度近似（generalized gradient approximation）

HNEMD　　齐性非平衡态分子动力学（homogenous nonequilibrium molecular dynamics）

HCACF　　热流自关联函数（heat current auto-correlation function）

LAMMPS　分子动力学计算软件（large-scale atomic molecular massively parallel simulator）

MD　　　　分子动力学（molecular dynamics）

ML　　　　机器学习（machine learning）

MLP　　　机器学习势（machine learning potential）

MFP　　　平均自由程（mean free paths）

NEP　　　自然演化神经网络势（neuroevolution potential）

NEMD　　非平衡态分子动力学（nonequilibrium molecular dynamics）

PFC　　　晶体相场模型（phase-field crystal）

PDOS　　声子态密度（phonon density of states）

PAW　　投影缀加平面波（projector augmented wave）

RMSE　　均方根误差（root mean square error）

RTC　　跑动热导率（running thermal conductivity）

SWCNT　　单壁碳纳米管（single walled carbon nanotube）

VASP　　第一性原理计算软件（vienna ab-initio simulation package）

目　　录

1 绪 论

1.1 低维纳米材料及其优异性能

　　碳是世界上独一无二的、不可或缺的元素，是宇宙中六大常见元素之一。它是自然环境和人体中含量最为丰富的元素之一。尽管碳元素在地壳上很稀少，仅占地球总质量的 0.2%，但它有一种特殊的能力，可以与其他不同类型的轻元素结合。碳的这种串联能力为化学和生物学的发展铺平了道路，并最终创造了生命的奇迹。碳可以以几种不同的固态同素异构形式存在，具有不同的结构和性质，并被广泛用于科技和人类生活。最常见的有 sp^2 杂化的石墨和 sp^3 杂化的金刚石。石墨被认为是热力学最稳定的材料。且具有高导电性，这使它适用于电子设备，如电池、电极、太阳能电池板等。金刚石是一种硬度最高的已知物质，主要用作高硬切割、精密研磨、红外光谱和高温半导体等仪器设备。在过去的几十年里，完全由碳原子 sp^2 杂化组成的新型碳纳米材料有零维的富勒烯（Fullerene）、一维的碳纳米管（CNTs）和二维的石墨烯（Graphene）。石墨烯是近些年发现的，它由单层原子组成，形成一个二维蜂窝结构。它的强度极高，被广泛用于合成其他碳纳米颗粒的前驱体。富勒烯是已知最早的化合物。CNTs 是碳家族的另一个新成员。CNTs、富勒烯和石墨烯的制备方法有明显的不同，但它们的物理和化学性质是相互关联的。碳纳米材料的特殊性能使其成为一个重要的研究课题。一般来说，碳纳米材料与其他材料的原子结构及界面相互作用对其性能有着重要的影响。因此，从纳米尺度设计和功能化碳纳米材料已经成为一种流行的策略，以实现特定应用的理想性能。目前，碳纳米材料被用于水处理和其他分离过程。在电子学领域，优异的电学和光学性能以及分子大小的尺度和微观结构的结合促进了新型电子器件的发展。高机械强度、高电导率和高热导率使其成为工程产品中理想的防护材料。纳米材料在生物医学领域也显示出显著的实用价值。它们还可用于药物之间的传感和调控输送。除此之外，在纳米电子、氢存储、传感器、光电子和聚合物改性等领域具有巨大的高性能应用潜力。

　　低维纳米材料因其独特的结构为基础理论研究提供了一个崭新的研究平台，为实现实验验证、尺寸效应及量子效应等理论提供了可能。由于低维纳米材料大的表面积和灵敏的表面活性，可制成传感器来检测人们周围的生活环境，如湿度、温度及各种有毒有害气体等。纳米孔材料可以用于高效过滤海水中的盐分，在海水淡化技术方面发挥重要作用，还可以用于生产防水涂料以及具有反渗析作用的超滤膜。低维纳米材料具有化学稳定性高、表面积大、质量轻等诸多优点，是目前储氢的最佳候选材料。半导体的纳米材料也可作为新型感光元件，可应用到太阳能电池当中，提高太阳能的转化效率。通过对实验条件的系统和精确控制，可以制备和开发尺寸和形貌可控的复杂功能纳米材料。纳米功能材料制备的研究和开发为具有定制功能、特性和性能的材料的生产开辟了新的前景。如图 1-1 所示，显示了富勒烯、CNTs、石墨烯的结构示意图。以它们为代表的低维纳米材料，因其迷人的形貌与独特的性能，以及完美的应用前景，一直是各个领域基金支持及科研人员关注的重点。使得低维纳米材料相关的研究工作极为丰富多样，低维纳米结构的合成方法和应用领域都得到极大的促进和发展。新兴的纳米加工技术及工艺可将低维纳米材料功能化制成各种复合型材料。因此，这些材料能够广泛地应用到化学、材料、物理、生物、环境、能源等众多学科领域。低维纳米材料现已成为 21 世纪最重要的材料之一。

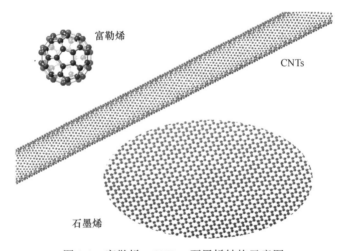

图 1-1 富勒烯、CNTs、石墨烯结构示意图

石墨烯是最先被获得的二维材料，它是 sp^2 杂化碳原子的蜂窝晶格结构，是新型的低维材料的代表。第一次成功地获得石墨烯是由 Andre Geim 和他的同事们通过用简单的透明胶带完成的[1]。由于石墨烯大的表面积、独特的电子性质以及高的力学和热性能，它在各个领域都有大量的应用研究。石墨烯可以通过不同的物理和化学方法合成，但很少有显著的方法，例如天然石墨烯的化学剥离法[2~4]、氧化石墨烯的热还原法[5]、微机械法[6]和化学气相沉积法[7, 8]等。在众多的合成方法中，还原氧化石墨烯法是实验室研究最常用的合成方法。此外，许多碳基低维材料都是通过对原始石墨烯的化学改性而获得的[9, 10]。它在电池、

电子和半导体领域的应用发展迅速，大规模合成方法仍处在发展阶段。石墨烯看上去几乎是透明的，在较宽的波长范围内吸收率约为 2.3%[11]。它的高导电性、高强度、轻重量和高弹性是其在电气电子行业实现的关键原因。它的固有拉伸强度约为 130GPa[12]，与天然橡胶相比具有较大的弹性模量。室温下，石墨烯的电子迁移率在 15000cm²/（V·s） 左右[13]，其理论上模拟计算热导率高达 3000～5000W/（m·K）[14]。石墨烯的超高热导率有利于其在电子领域的应用，为其在热管理器件中应用奠定了基础，例如作为晶体管和发光二极管的热扩散器，以及电子芯片热界面材料的填充材料[15~17]。另外，已经有许多论文专门研究石墨烯和类石墨烯材料的热传输性能[18~25]。这些都表明石墨烯对物理学基础研究相关的各种性能都有着特殊意义。由于石墨烯具有更好的性能和应用，在各种复合材料中表现出更好的性能。目前，石墨烯材料的应用已成为航空航天、化工、生物医学、能源等诸多行业急需的材料来源。

CNTs 与石墨烯一样，是由三个碳原子共价键构成的六边形蜂窝状原子结构。Iijima 于 1991 年首次发现 CNTs 这种材料[26]。以 sp² 杂化为主，但由于卷曲，其中也存在 sp³ 杂化，若 CNTs 直径较小，曲率较大，则 sp³ 杂化比例相对较大。CNTs 相关材料有诸多分类：按卷曲的层数分类，可分为单壁碳纳米管（SWCNTs）和多壁碳纳米管（MWCNTs）；依据手性进行分类则分为扶手椅形、锯齿形以及螺旋形。制备 CNTs 的方法多种多样，如电弧放电法[27]、喷雾热解法[28]和化学气相沉积法[29]等。CNTs 的导电性与铜相当，并具有传输更多电流的能力。高电导率是电子通过侧壁转移的结果。由于 CNTs 分散度低、电化学性能差、比电容低，其储能应用大多局限于实验室研究[30, 31]。而 CNTs 的表面功能化可以增强 CNTs 的分散性、电化学性能和比电容。CNTs 具有良好的力学性能和电荷转移性能，有利于能量转换的应用[32, 33]。此外，CNTs 的表面可以通过表面官能团功能化来增强其电性和分散性[34]。合成 CNTs 的前驱体碳材料价格低廉，因此 CNTs 在存储设备中的应用使产品更经济廉价。

1.2　低维纳米材料的热输运性能

低维纳米材料在纳米科学与工程技术中的广泛应用，会遇到如加热、熔化、蒸发、冷却、凝固以及散热和隔热等各种各样的热传输问题。与宏观尺度传热不同，纳米尺度上的传热问题具有明显的尺寸效应以及弹道量子效应等，已经变得越来越重要。随着现代科学技术和纳米工艺的蓬勃发展，深入研究低维材料的热输运性能已成为可能，现已成为人们关注的焦点。

纳米材料的热输运性能是衡量微纳米电子器件的一项关键指标，是微电子产业发展的重要瓶颈。在微纳米尺度下，低维纳米材料热导率随尺寸的弹道变化显著，微纳米电子元件的导热和散热成为影响其正常工作的亟待解决的重要问题。比如，频率不断提高的 CPU 面积在减小，而核心晶体管数却成倍增长，因此带来更加严峻的导热和散热问题。相关统计，电子器件损坏的主要因素之一就是热损坏造成的。因此，需要设计具有高热导率的微纳米电子器件，来解决其导热散热问题，这样在一定程度上既提高了纳米级电子器件的使用寿命和性能，也促进了纳米电子产业蓬勃发展。

纳米材料的热输运的研究对于新能源的开发利用、现代航空航天和冶金化工等技术领域的发展都有重要意义。在这些实际应用领域中，研究纳米尺度热输运的微观机制是解决其热输运问题的关键。特别是碳基低维纳米材料，如碳纳米线、CNTs、石墨烯等，它们是最早被发现热稳定性最好，且被广泛关注和研究的材料，可以说是研究热输运理论的理想材料平台。它们促进了热输运理论的发展，是纳米材料科学中不可或缺的重要组成。尽管对低维纳米材料各种优异性能的研究已经非常丰富，但关于热输运的研究还远远不够，还不能像控制电传输那样控制热。此外，由于实验测试的困难，理论与实验之间以及理论之间还都存在较大的差异。因此，深入研究低维纳米材料的热输运性能是非常必要的。

1.2.1 晶格振动和声子

对于半导体来说，绝大部分的热传递都是由晶格振动（即声子）贡献的。热能从物体的高温端传到低温端是以晶格振动格波的形式传播的。但热能并不是沿着直线的方式传递，而是以扩散的形式，格波间会发生碰撞而偏离直线方向。也可以说是通过格波间的散射（即声子间的散射）交换能量来实现热能的传递。研究表明，在有非线性的晶格振动中才会使格波互相碰撞发生声子散射，而在严格线性的晶格振动中格波间没有相互作用，是各自独立的。因此，研究非线性晶格振动中声子对热导率的贡献才更有意义，定量分析晶格的非线性振动也是个特别复杂的问题。

从量子力学角度，声子所反映的是在晶格振动中系统原子集体的运动状态的一种元激发。其谐振子能量量子化的本征值可表示为

$$\varepsilon_i = \left(n_i + \frac{1}{2} \right) \hbar \omega_i \qquad (1\text{-}1)$$

式中，$\hbar \omega_i$ 为谐振子（即格波）的能量量子，即声子；$n_i = 0$，1，2，$\cdots$，取整数，代表格波中有 n_i 个声子。声子本质是描述晶格的集体行为，它只存在于晶体中。声子在简谐近似下遵循玻色统计，是一种典型的玻色型准粒子，可以产生或湮灭。声子概念的引入对于处理晶格振动问题是非常便利的。例如晶格振动对系统的电子、光子的影响，可用声子与电子、光子的碰撞作用来描述。热传导可用声子的扩散来描述。因此这些许多复杂抽象的问题变得更加容易理解和处理。对

于一个由 N 个原子构成的, 有 $3N$ 个振动模式晶体系统, 其晶格振动的总能量可写为

$$E = \sum_{i=1}^{3N} \left(n_i + \frac{1}{2} \right) \hbar \omega_i \tag{1-2}$$

在谐波近似下, 考虑到量子化晶格振动可以视为粒子, 它们在扩散状态下的传播可以用玻耳兹曼输运方程 (BTE) 来描述, 类似于气体的扩散:

$$\frac{\partial n_\lambda}{\partial t} + \boldsymbol{v}_\lambda \cdot \nabla n_\lambda = \left(\frac{\mathrm{d} n_\lambda}{\mathrm{d} t} \right)_{\mathrm{scat}} \tag{1-3}$$

式中, $\boldsymbol{v}_\lambda$ 为声子群速度; n_λ 为声子的分布函数。然而, 考虑到声子是服从玻色-爱因斯坦统计的无自旋量子粒子。式 (1-3) 中的右侧描述了声子产生或湮灭的散射过程: 即非谐波散射过程, 同位素、缺陷和边界散射等。非平衡分布函数可以写成 $n_\lambda = n_\lambda^0 + \delta n$, 假设温度的度小 ($\nabla T$), 可以通过对 δn 进行扰动线性化。在稳态条件下式 (1-3) 的第一项消失, 线性化的 BTE 表示为:

$$\boldsymbol{v}_\lambda \cdot \nabla T \frac{\partial n_\lambda^0}{\partial T} = \left(\frac{\mathrm{d} n_\lambda}{\mathrm{d} t} \right)_{\mathrm{scat}} \tag{1-4}$$

线性化的 BTE 可以在不同的精度和复杂度水平上求解。最简单的方法是计算每个声子的寿命, 假设所有其他模态的总体是平衡态 (n_λ^0)。得到的热导率 κ 表达式是所有声子模贡献的总和, 积分到系统的第一个布里渊区收敛为止, 用 N_q 表示 q 点网格采样:

$$\kappa = \frac{1}{N_q} \sum_{\lambda, q} \kappa_\lambda(\boldsymbol{q}) = \frac{1}{N_q} \sum_{\lambda, q} C_\lambda(\boldsymbol{q}) \, \boldsymbol{v}_\lambda^2(\boldsymbol{q}) \tau_\lambda(\boldsymbol{q}) \tag{1-5}$$

式中, C_λ 为各振动态单位体积的热容; $\boldsymbol{v}_\lambda$ 为传输方向上的群速度分量; τ_λ 为声子寿命。尽管它是近似的, 这也是一个非常有用的表达式, 它允许人们解析每个声子分支在每个频率 ω 上对热导率 κ 的贡献。

热容和群速度通常是通过谐波近似的色散关系得到的, 尽管也可以进行非谐波修正。为了计算声子寿命 τ_λ, 必须考虑材料中发生的所有散射过程, 即声子-声子非谐散射 (Normal 散射和 Umklapp 散射)、边界散射和缺陷散射, 如图 1-2 所示。在完美晶体材料中, 忽略电子-声子相互作用, 唯一可能的声子散射机制是非谐性, 主要贡献来自三声子散射过程。存在两个可行的过程: 任意两个声子 (ω_1, ω_2) 湮灭成第三个声子 (ω_3), 或者一个声子 (ω_1) 衰变为两个声子 (ω_2, ω_3)。能量和动量守恒决定了三声子散射的选择规则:

$$\omega_1(\boldsymbol{q}) \pm \omega_2(\boldsymbol{q}') - \omega_3(\boldsymbol{q}'') = 0 \tag{1-6}$$

$$\boldsymbol{q} \pm \boldsymbol{q}' - \boldsymbol{q}'' = \boldsymbol{G} \tag{1-7}$$

式中, $\boldsymbol{G}$ 为倒格矢。Normal 过程意味着 $\boldsymbol{G} = 0$, 而在 Umklapp 过程中 $\boldsymbol{G}$ 是有限的。只有 Umklapp 散射过程耗散能量, 从而限制热导率 κ。通常只考虑三声子散射就

足够了，但在相对较高的温度下，需要考虑四声子散射。除了三声子散射过程之外，还存在着杂质散射和边界散射，都会影响材料的热导率。

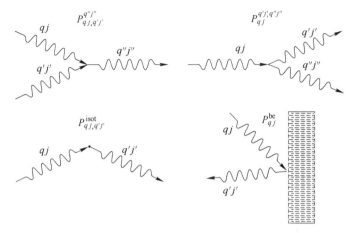

图 1-2　在同位素杂质的有限尺寸非谐晶体中的声子散射机制[35]

1.2.2　晶格热导率

　　热能在晶体中传递并温度达到平衡过程，以晶体的 x 方向为传输方向为例，传递过程中沿 x 方向在晶体中会形成温度梯度（用 $\mathrm{d}T/\mathrm{d}x$ 表示），则根据热导率定义，热量 Q 可用单位时间 $\mathrm{d}t$、单位截面积 $\mathrm{d}s$ 和温度梯度 $\mathrm{d}T/\mathrm{d}x$ 表示为

$$Q = -\kappa \frac{\mathrm{d}T}{\mathrm{d}x}\mathrm{d}s\mathrm{d}t \tag{1-8}$$

式中，κ 为晶体的热导率，其单位为 W/(m·K)，也可写为 W·m^{-1}·K^{-1}。式中 κ 前的负号用来表示热量从高温处流向低温处。式（1-8）表明传输的热量 Q 与面积 $\mathrm{d}s$、温度梯度 $\mathrm{d}T/\mathrm{d}x$ 及时间 $\mathrm{d}t$ 成正比。

　　通常优良的导电材料（如金、银、铜等）也是良好的导热材料。在金属中，能量主要通过载流子（电子）由导体的高温部分传向低温部分。除了电子的运动作用，晶格的热振动对热能的传导也有一定贡献。在晶体中，如果某部分温度较高，则这部分的原子或离子在其平衡位置附近做较为强烈的振动。这种振动会以格波的形式在晶体中将热能从高温部分传向低温部分。因此，晶体的热传导既有通过载流子，也有通过声子把热能从高温向低温传递。金属的热传导主要是通过电子的运动来传递；绝缘体的热传导主要是依靠声子的运动来传递。半导体性能介于导体和绝缘体之间，其热导率由电子和声子两种运动机制来决定。但是，在半导体中，一般声子对热导率的贡献比电子要大得多。电子的贡献通常可忽略不计，绝大部分的热传导都是晶格振动贡献的。

一般可通过理论计算和实验测量两种方式获得物质的热导率。其中理论计算是基于量子力学和统计力学知识,通过物质的微观结构,建立传热物理模型,经过复杂的计算分析可获得其热导率。由于各种理论模型都是一定条件下的近似表达,有一定的适用限制。随着科技的飞速发展,人们迄今仍未找到足够精确且广泛适用的理论方程。因此,对于热输运理论计算方法的探索,仍然需要不断深入的研究。在理论上,精确地计算半导体的晶格热导率是可能的,但由于处理声子间相互作用比较复杂,计算热导率还存在一定困难。同时,人们也开展了大量的关于热导率的实验研究,考虑了各种影响因素,提出了各种提高热导率测量精度的方法。但很多由于测试装置较大测量误差而被淘汰。一直以来对热导率的实验测量研究也没停止过,根据热源的种类通常分为稳态法和瞬态法两大类,主要通过热传导测量过程是否有稳定的温度梯度来区分。稳态法是较为广泛采用的标准测量方法,但在测量过程中不可避免地会产生接触热阻对测量结果的影响。瞬态法通过测量样品的热扩散系数可快速求出热导率,但影响其测量精度因素较多。对于低维微纳尺度的测量,传统的测量方法存在明显的时空间分辨率限制,目前主要采用非接触式的基于超快激光的时域热反射法进行各种薄膜材料及其界面热性能的测量。

1.3　低维纳米材料的热输运模拟

1.3.1　热输运模拟方法

随着芯片和半导体工业技术的发展,半导体材料中的热输运性能在过去几十年一直是一个重要的研究领域[20, 36, 37]。基于原子的振动性质和声子输运理论,发展了多种原子模拟方法,建立了原子结构与热输运性质之间的联系。目前,研究材料热输运特性广泛应用的理论方法主要有玻耳兹曼输运方程(BTE)[38, 39]、原子格林函数(AGF)[40, 41]和MD模拟[42~44]等。这些模拟方法对理解热输运机理、设计可控热管理器件及预言新型半导体材料的热输运性能起着至关重要的作用[45, 46]。

对于热输运的模拟,EMD和NEMD是两种使用最广泛的MD方法。其中EMD方法采用涨落-耗散理论,根据热流自关联函数(HCACF)计算晶格热导率[47, 48]。NEMD方法由恒温器建立非平衡稳态热流,热导率由傅里叶定律确定[49, 50]。由于MD模拟是基于经典理论,它不能捕获量子效应。与MD不同的是,BTE方法利用晶格动力学从势能得到声子性质,然后利用声子BTE模拟声子输运并计算热导率[51]。这种方法可以采集声子的量子分布,但它将声子视为非相干粒子,因此忽略了声子的波动性。AGF基于一个动力学方程,能够处理声子的量子分布和经典分布[52~54]。它将晶格振动模拟为波，并考虑到原子的细节。通过由势能二阶导数（即力常数）构建的动力学方程来确定声子在原子结构中的传输，并通过 Landauer 公式计算热导。当弹性散射主导传输过程时，这种方法是非常有效的，但在三维系统中包括非谐效应（即声子-声子散射）计算就有较大的挑战。因此，它主要用于计算弹道极限下的热导率。

各种模拟方法涉及不同的理论近似和应用限制，每种方法都有其优点和局限性。这使它们适合于探测不同大小和复杂性的系统中的不同传输机制。结合不同的方法可以揭示纳米尺度更广泛的热传输机制。在相同的原子结构和相互作用势下，如果适当地考虑到已知的局限性，应该能够获得一致的热输运性质。例如，如果在 BTE 计算中正确考虑高阶声子散射和声子重整化，以及量子效应和尺寸效应，BTE 方法可以再现 EMD 方法的模拟结果。同时，通过适当的模拟设置，AGF 和 NEMD 可以得到一致的弹道热导。NEMD、BTE 和 EMD 方法可以在弹道-扩散体系给出相同的表观热导率[51]。

对于结构相对复杂的晶体材料，或具有很强非谐性的体系，通常首选基于 MD 的模拟方法。它们的热导率一般包含两部分，一部分与声子速度算符的对角元素有关，另一部分与非对角项有关。第一部分解释了声子的类粒子传播。第二部分反映了声子的波状隧穿现象，这在 BTE 计算中通常被忽略。这些材料通常具有很强的声子重整化效应，使得在 BTE 计算中难以准确地获得声子色散和散射率。对于非晶材料或具有复杂结构（如缺陷和合金）的晶体材料，MD 模拟方法也是最佳的候选。具有经典势函数的 MD 模拟是在原子水平上处理多体问题的有力技术。与 BTE 和 AGF 不同的是，原子相互作用中存在着固有的全阶非谐效应。

1.3.2 低维纳米材料热输运的 MD 模拟

碳基低维纳米材料超高的热导率极大地激发了人们探索其内部热输运机制和潜在应用的兴趣。此外，通过引入外部力场或内部结构缺陷等调控手段，可实现碳基低维纳米材料热导率几个量级的大范围操控[55]，为其在热二极管[56]、热晶体管[57]、热逻辑门[58]和热记忆[59]等管理热信号的各种功能热控器件中的应用奠定了基础。目前，MD 方法被广泛应用于研究声子输运问题，针对实际需要，如结构效应以及掺杂、缺陷、应变、多晶材料、复杂结构（多层、纳米孔结构等）等[16,60~68]各种影响因素，可以实施大的空间和时间尺度的复杂结构体系热输运性能的模拟研究。其优点是有结构相关的输入文件和合适的描述原子间相互作用的势文件，就可以实施 MD 模拟进行热输运性质的计算研究。

近二十年来，研究人员围绕着碳基低维纳米材料的热输运性能展开了广泛而丰富的研究工作[14,16,17,21,55,61,63,66,68~86]。石墨烯的晶界如同线缺陷或一维界面，会阻碍声子传输而导致双晶或多晶体系热导率明显降低[18, 87, 88]。已有一些理论计算[87, 89]和实验测量[90]研究过石墨烯晶界处的 Kapitza 热阻，然而，这些工作都只研究了几个特殊倾角的情况。Azizi 等人[74]用 NEMD 方法系统研究了一系列晶界倾角的 Kapitza 热阻，结果表明 Kapitza 热阻与晶界倾角有很强的依赖性，并且与晶界缺陷的平均密度有明显的相关性。二维六方氮化硼（h-BN）与石墨烯具有相似的结构和较小的晶格差异，吸引人们对石墨烯/h-BN 异质结构开展了大量研究工作[19, 61, 76, 91, 92]。其中一些工作[19, 92]报道了在石墨烯/h-BN 界面处的拓扑缺陷会导致界面热导的反常增加。这一现象主要由于异质界面处存在缺陷和应力两种影响界面热导的作用，之前的工作都只研究了几种特殊情况，并没有系统研究晶格匹配时界面应力与晶格失配时界面缺陷对其热导的影响。因此，本书对石墨烯/h-BN 晶界的两种影响机制进行了详细调查，具体详见本书4.1 节。

除了通过缺陷、应力和界面等增强声子散射可以有效对热输运性质进行调控。在超晶格中，通过声子相干也可以用来调控其热流。研究表明随超晶格单元周期长度的减小，其热导率存在一个局部最小值[24, 61, 63, 93~96]。Mu 等人[63]通过 NEMD 方法研究了石墨烯同位素（^{12}C/^{13}C）超晶格的热输运特性，结果表明，通过改变超晶格的周期长度和界面密度，可观察到从非相干声子输运到相干声子输运的过渡，出现一个热导率的最小值。Liu 等人[97]报道了扶手椅/锯齿形石墨烯超晶格中，引入的单空位和点缺陷可减少超晶格中的声子隧穿而进一步降低其热导率。Felix 等人[98]采用 NEMD 模拟研究了有序和无序排列的石墨烯/h-BN 超晶格中的声子热输运，模拟结果表明无序排列可有效抑制超晶格中相干输运，有利于热传导在纳米尺度更大范围的控制。这些研究工作都表明相关的石墨烯超晶格是声子热输运粒子性和波动性的理论平台，然而这些工作都采用 NEMD 方法，只研究一定长度的简单超晶格结构的输运特性。本书在4.2 节应用 HNEMD 方法系统地研究了一系列石墨烯晶界超晶格与尺度无关的收敛热导率。

具有层间范德华作用的复合结构已成为调控热输运性能另一种有效手段。Kim 等人[45]通过实验和模拟研究了具有随机层间旋转的大规模范德华 MoS_2 薄膜的热各向异性特性，在 MoS_2 中产生了接近 900 的室温热各向异性比，是迄今报道的最高的热各向异性比之一。关于多层石墨烯[16, 99]以及石墨烯/h-BN 等[100~102]垂直堆叠的具有范德华作用的层间复合结构已有很多报道，这些研究表明弱的层间范德华作用会增加对声子的散射，而导致面内热导率降低。此外，早在石墨烯出现之前就有关于富勒烯封装 CNTs 调控热输运性能的研究工作[103, 104]，并且多年来有很多工作[83, 105~109]都报道了富勒烯封装 CNTs 会增加新的热传输通道导致热导率增加。直到最近，Kodama 等人[106]实验测量了富勒烯封装的 SWCNTs 束结构比未封装的热导率小 35% ~ 55%。之前的相关研究与最新实验测量出现了完全相悖的结论。为了解决这一争议，本书通过多种方法对这种具有层间范德华作用的结构进行了深入研究，具体详见本书 4.3 节。

综上可见，纳米级热导率调控最常用的方法主要是通过结构设计来实现的，包括引入结构缺陷、应力场、超晶格和范德华作用等来调控声子输运。本书结合几种具有代表性的复杂结构深入研究了其热输运机制。在 MD 模拟中，除了输入结构效应，原子相互作用势的精度及可靠性也决定了结果的正确性。最近，基于机器学习势（MLPs）[26~36] 的 MD 模拟方法已被证实是研究热输运最有前途的方案，它在保持 DFT 的计算精度的同时，极大地提高了模拟体系空间和时间尺度及计算效率。关于机器学习势的工作在本书第 5 章进行具体介绍。

2　MD 模拟及热导率计算方法

分子动力学（molecular dynamics，MD）方法是基于经典牛顿运动方程以及原子之间相互作用势，对每个粒子的速度和受力进行牛顿运动方程数值积分，对微观系统的力和热性质，以及动力学规律都有较为准确的近似表达。它是研究热输运性质的最有价值的数值工具之一，特别是对于基于晶格动力学方法的计算较困难的复杂结构。因此，该方法是目前在纳米领域内应用最为广泛的仿真模拟方法。MD 模拟具有实验成本低、安全性高以及可以实现通常条件下较难或者无法进行的实验的特点；在纳米尺度上，MD 模拟可以揭示实验观测无法达到的空间和时间尺度上的分子运动规律。MD 模拟现已成为纳米科学领域中一个非常重要的研究方法。

凝聚态物质微观结构已经很明确，其本质是大量原子或分子之间的相互作用，可通过统计物理方法分析凝聚态物质的性质及规律。凝聚态物质研究的问题极为复杂，基于理论模型的研究分析已不能满足需求，且还存在计算量大等问题。随着科技的发展，利用计算机对物质的微观结构和宏观性质的计算分析成为可能。高性能计算在科技中发挥了重要作用，其为理论研究提供了巨大的发展动力。分子模拟方法通过分析原子的位置和运动规律来统计宏观的物理量，不仅提供微观的原子运动轨迹和图像，还可以统计分析物质的宏观属性。因此分子模拟建立了微观理论与宏观实验的桥梁，为新理论建立和新实验方案提出起到重要的指导作用。按原理分类，分子模拟方法可分为 MD 和量子力学，区别在于是否考虑了电子运动的影响。MD 是建立在经典力学之上，忽略电子运动而带来量子效应，尽管在计算精度上有部分损失，但在较大空间和时间尺度等问题的研究上有着量子力学无法比拟的优势。接下来主要针对 MD 方法进行介绍。

2.1　MD 模拟基本理论

MD 是一种基于计算机技术的模拟方法，通过对原子的运动方程进行数值积分可获得原子间相互作用随时间演变的规律。MD 方法以经典力学为基本思想，通过牛顿定律来描述系统中每个原子的作用

$$F_i = m_i a_i \tag{2-1}$$

式中，m_i 为系统中第 i 个原子的质量；a_i 为这个原子的加速度；F_i 为作用于这个原

子的力。

MD 模拟是定性的方法，给出了原子的初态（位置和速度），系统的最终态的性质原则上就已经被决定了。MD 模拟可以形象的描述为：原子被放入一个系统中，在系统中运动，与其他相邻原子有相互作用，并激发出波。

2.1.1　初始化

初始化指的就是给定一个初始的相空间点，包括各个粒子初始的坐标和速度。在 MD 模拟中，需要对 $3N$（N 是原子数）个二阶常微分方程进行数值积分。每一个二阶常微分方程的求解都需要有坐标和速度两个初始条件，所以需要确定 $3N$ 个初始坐标分量和 $3N$ 个初始速度分量，一共 $6N$ 个初始条件。

2.1.1.1　坐标初始化

坐标的初始化指的是系统中的每个粒子都有一个初始的位置坐标。MD 模拟中，如何坐标初始化与所要模拟的体系有关。例如，如果模拟晶体，就得让各原子的位置按晶体的结构排列。如果模拟的是液态或者气态物质，那么初始坐标比较随意了。重要的是，在构建初始结构中，任何两个粒子的距离都不能太小，因为这可能导致有些粒子受到非常大的力，以至于让后面的数值积分变得非常不稳定。坐标的初始化也常被称为建模，往往需要用到一些专业的知识，例如固体物理学中的知识。

2.1.1.2　速度初始化

在经典热力学系统中，平衡时各个粒子的速度要满足 Maxwell 分布。但是，作为初始条件，不一定要求粒子的速度满足 Maxwell 分布。速度初始化最简单的方法是在某个区间产生 $3N$ 个均匀分布的随机速度分量，再通过如下两个基本条件对速度分量进行修正。

一是让系统的总动量为零。也就是说，不希望系统的质心在模拟的过程中跑动。分子间作用力是所谓的内力，不会改变系统的整体动量，即系统的整体动量是守恒的。只要初始的整体动量为零，在 MD 模拟的时间演化过程中整体动量将保持为零。如果整体动量明显偏离零（相对于所用浮点数精度来说），则说明模拟出了问题。这正是判断程序是否有误的标准之一。

二是系统的总动能应该与所选定的初始温度对应。在经典统计力学中，能量均分定理成立，即粒子的 Hamilton 量中每一个具有平方形式的能量项的统计平均值都等于 $k_B T/2$。其中，k_B 是玻耳兹曼常数，T 是系统的绝对温度。所以，在将质心的动量取为零之后就可以对每个粒子的速度进行一个标度变换，使得系统的初始温度与所设定的温度一致。假设设置的目标温度是 T_0，那么对各个粒子的速度做如下变换即可让系统的温度从 T 变成 T_0：

$$\boldsymbol{v}_i \rightarrow \boldsymbol{v}'_i = \boldsymbol{v}_i\sqrt{T/T_0} \tag{2-2}$$

容易验证，在做式（2-2）中的变换之前，如果系统的总动量已经为零，那么在做这个变换之后，系统的总动量也为零。

在经典力学中，无论粒子之间有何种相互作用，每个粒子的 Hamilton 量的动能部分都是

$$\frac{1}{2}m_i\boldsymbol{v}_i^2 = \frac{1}{2}m_i(v_{ix}^2 + v_{iy}^2 + v_{iz}^2) \tag{2-3}$$

由此可知，每个粒子的动能的统计平均值等于 $3k_BT/2$，故系统的总动能的统计平均值为

$$\left\langle \frac{1}{2}\sum_i^N m_i\boldsymbol{v}_i^2 \right\rangle = \frac{3}{2}Nk_BT \tag{2-4}$$

式中，尖括号表示对括号内的物理量进行了统计平均。在统计力学中，统计平均指的是系综平均，即对很多假想的具有相同宏观性质的系统进行平均。但是，在 MD 模拟中，统计平均值指的是时间平均，即对系统的一条相轨迹上的相点进行平均。这两种平均在理论上严格地说是不等价的。但从实用的角度来看，用时间平均代替系综平均是非常合理的，因为实验中测量的各种物理量的值本质上就是一个时间平均值。

式（2-4）给出了系统动能的统计平均值，但在初始化阶段，就令系统的动能等于所期望的统计平均值，即令

$$\frac{1}{2}\sum_i^N m_i\boldsymbol{v}_i^2 = \frac{3}{2}Nk_BT \tag{2-5}$$

这样，就能够确定各个粒子的初始速度的大小。

2.1.2　边界条件

在 MD 模拟中需要根据所模拟的物理体系选取合适的边界条件，以期待得到更合理的结果。边界条件的选取对粒子间作用力的计算也是有影响的。边界条件通常分为周期边界条件（periodic boundary conditions）和非周期边界条件（nonperiodic boundary conditions）两种。在计算机模拟中，由于计算机运算能力的限制，模拟体系的尺寸一定是有限的，一般都比实验中体系的尺寸小很多，这就是所谓"尺寸效应"问题。在 EMD 模拟中，通常选择周期边界条件。为了消除"尺寸效应"节约计算成本，需要对模拟体系的大小进行系统的测试。

2.1.2.1　周期边界条件

MD 模拟的典型尺度从几百个原子到几百万个原子，为了表示扩展系统，在

模拟单元中通常采用周期边界条件。如图 2-1 所示，周期边界条件可看成在基本单元基础上可以重复扩展，延伸到无限远的空间，常用于模拟无限大的体系。它也可被认为模拟各种性质的物理量从一侧出去，从另一侧重新回到模拟区域。这种边界条件可以很好地消除边界对模拟系统的影响，例如：可消除在热输运过程中的边界散射影响。当然，并不能说应用了周期边界条件的系统就等价于无限大的系统，只能说周期边界条件的应用可以部分地消除边界效应，让所模拟系统的性质更加接近于无限大系统的性质。通常，在这种情况下，要模拟一系列不同大小的系统，分析所得结果对模拟尺寸的依赖关系来最终确定是否消除了尺寸效应。

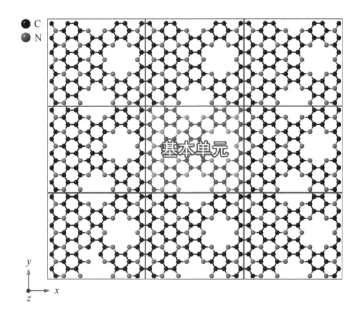

图 2-1   周期边界条件示意图

举个一维的周期边界条件的例子，假设模拟盒子长度为 $L_x = 100$（任意单位）。在模拟体系中，对于 i 和 j 两个粒子，它们的坐标位置分别 $x_i = 10$ 和 $x_j = 80$。如果不采用周期边界条件，它们的距离是 $|x_j - x_i| = 70$。而采用周期边界条件时，可认为 j 粒子在 i 粒子的左边，且坐标值可以平移至 $80 - 100 = -20$。这样，j 与 i 的距离是 $|x_j - x_i| = 30$，比平移 j 粒子之前两个粒子之间的距离要小。在模拟过程中，总是采用最小镜像约定（minimum image convention）定义为：

$$x_j - x_i \equiv x_{ij} \tag{2-6}$$

则这个约定等价于如下规则：

如果 $x_{ij} < -L_x/2$，则将 x_{ij} 换为 $x_{ij} + L_x$。

如果 $x_{ij} > + L_x/2$，则将 x_{ij} 换为 $x_{ij} - L_x$。

最终效果就是让变换后的 x_{ij} 的绝对值小于 $L_x/2$。很容易将上述讨论推广到二维和三维的情形。

2.1.2.2 非周期边界条件

非周期边界条件包括固定边界条件和自由边界条件（也称作开放边界条件）两种。在对于低维材料及有限体系的模拟中，通常在特定方向上采用非常周期边界条件。例如对于 2D 材料的模拟，平面外的方向上就需要设置成自由边界条件。在一些特定的有限体系模拟时，需要采用固定边界条件固定一部分原子来实现特定的模拟目的，这一部分原子的速度、位移和受力均为零。如在非平衡态 MD 模拟计算一定长度系统的热导率时，需要固定一部分原子作为隔热层来实现热流的定向流动，防止反向热流。

在模拟过程中，要根据具体的模拟对象和目的来选择合适的边界条件。本书涉及的低维纳米材料，通常在各方向上采用不同的边界条件来达到特定模拟目的。特别在第 3 章中，系统地比较了有限体系下自由边界和固定边界下热导率的大小。

2.1.3 系综理论

系综（Ensemble）是吉布斯于 1901 年提出的[112]，是统计力学的一个重要概念。系综是由所研究的系统与若干个具有相同宏观态的假想全同系统的集合，其中每一个系统都处在某一个各自完全独立的微观运动状态。微观运动状态在相空间中构成一个连续的区域，宏观量是与微观量相对应的，在一定的宏观条件下所有可能的运动状态的平均值。对于任意的微观量 $H(p, q)$ 的宏观平均 $\overline{H}$ 可表示为

$$\overline{H} = \frac{\int H(p, q)\rho(p, q, t)\mathrm{d}^{3N}q\mathrm{d}^{3N}p}{\int \rho(p, q, t)\mathrm{d}^{3N}q\mathrm{d}^{3N}p} \tag{2-7}$$

式中，p 和 q 为广义坐标和广义动量，它们形成相空间；N 为系统中的粒子总数；$\rho(p, q, t)$ 为权重因子。

若令上式中的分母等于 1，这时 ρ 就是归一化的系综分布函数，即系综的概率密度函数。

在经典 MD 模拟中，多粒子体系用统计物理的规律来描述是非常适合的。模拟的粒子体系必须服从粒子系综的规律。其中最常用到的系综有微正则系综（NVE）、正则系综（NVT）、等温等压系综（NPT）等。

2.1.3.1 微正则系综（NVE）

微正则系综（NVE），它是一个孤立系统的统计系综。此系统与外界没有关于粒子、热量和体积功的交换，具有固定的粒子数 N、体积 V 以及能量 E。从热力学的角度来看，系统的状态就由 N、V 和 E 来决定，这些量就是宏观量，而对于一组宏观量就确定了一个宏观态。从微观的角度来说，一个系统处于一个确定的宏观态，但系统中各个粒子的运动状态是不确定的。这时系统中所有粒子的运动状态的组合就构成一个微观态。因此，一个 N、V 和 E 确定的宏观态可能有很多个微观态，系统沿相空间中的恒定能量轨道演化。用 EMD 方法计算热导率时，在系统达到平衡后，通常切换到 NVE 系综产出，记录系统各个时间下的运动状态参量。

在 MD 模拟过程中，系综平均一般用时间平均来代替。N 和 V 在模拟过程中是固定的，总动量也是一个守恒量，通常将总动量置为 0，防止系统整体运动。在给定初始位置 $r^N(0)$ 和初始动量 $p^N(0)$ 后，经过 t 时间后，从运动方程生成轨道 $[r^N(t), p^N(t)]$。根据轨道平均的定义有：

$$\overline{A} = \lim_{t' \to \infty} \frac{1}{t' - t_0} \int_{t_0}^{t'} A[r^N(t), p^N(t); V(t)] \mathrm{d}t \tag{2-8}$$

在 NVE 系综，总能量守恒，对于相同 E 和 V，轨道 $[r^N(t), p^N(t)]$ 在经历相同的时间，则轨道平均 $\overline{A}$ 等于微正则系综平均，即

$$\overline{A} = (A)_{\mathrm{NVE}} \tag{2-9}$$

2.1.3.2 正则系综（NVT）

正则系综（NVT），它是一个粒子数 N、体积 V、温度 T 和总动量为守恒量的系综。在这个系综中，系统的 N、V 和 T 都保持恒定，总动量为 0。相当于系综中所有系统都被置于一个温度不变的热浴中，此时系统的总能量可能有涨落，但系综的温度能保持恒定。

在 NVT 系综，为了描述体系能量的涨落，通常在孤立无约束系统的拉格朗日方程中引入一个广义力 $F(r, \dot{r})$ 来表示系统与热库耦合，即

$$\frac{\mathrm{d}}{\mathrm{d}t}\left(\frac{\partial L}{\partial \dot{r}}\right) - \frac{\partial L}{\partial r} = F(r, \dot{r}) \tag{2-10}$$

式中，L 为孤立无约束系统的拉格朗日函数。

$$L = \frac{1}{2}\sum_i m_i \dot{r}_i^2 - U(r) \tag{2-11}$$

为了使式（2-11）表现为齐次的，可用 $V(r, \nu)$ 表示广义势能，令 $L' = L - V$，

于是可将拉格朗日运动方法写成更简洁的形式

$$\frac{\mathrm{d}}{\mathrm{d}t}\left(\frac{\partial L'}{\partial \dot{r}}\right) - \frac{\partial L'}{\partial r} = 0 \tag{2-12}$$

2.1.3.3　等温等压系综（NPT）

等温等压系综（NPT），它是系统处于等温等压的外部环境中的系综。在这种系综，体系的 N、P 和 T 都保持不变。这种系综是与大热源接触而进行能量交换的物理系统，是最常见的系综。NPT 系综的 MD 模拟一般通过"扩展系统法"来实现，可分为恒温法和恒压法两个步骤分别进行处理。Nosé 和 Hoover 为此做了较大贡献[113~115]。

在恒温法中，引入表示温度恒定状态与热源相关的参数 ζ。可设想热源很大，与大热源接触，交换能量而不改变热源的温度，还能使系统达到平衡。系统具有与热源相同的温度，并与热源构成一个复合系统。系统的动力学方程可表示为

$$\boldsymbol{p}_i = m_i \frac{\mathrm{d}\boldsymbol{q}_i}{\mathrm{d}t} \tag{2-13}$$

$$\frac{\mathrm{d}\boldsymbol{p}_i}{\mathrm{d}t} = -\left(\frac{\partial \phi}{\partial \boldsymbol{q}_i}\right) - \zeta \boldsymbol{p}_i \tag{2-14}$$

$$\frac{\mathrm{d}\zeta}{\mathrm{d}t} = \left(\sum_i \frac{\boldsymbol{p}_i^2}{2m_i} - \frac{3}{2}Nk_BT\right) \cdot \frac{2}{M} \tag{2-15}$$

式中，$\boldsymbol{p}_i$ 为控制温度引入的标度动量。

在式（2-14）中加入了与热源的相互作用项 $\zeta \boldsymbol{p}_i$。在式（2-15）中，给出了变量 ζ 的运动方程，表明动能项数值大于 $\frac{3}{2}Nk_BT$ 时，$\frac{\mathrm{d}\zeta}{\mathrm{d}t} > 0$，$\zeta$ 增加而使粒子的速度和动能变小；反之则使粒子的速度和动能增加，增加项起到一种负反馈的作用。其中 M 是与温度控制有关的决定热浴响应速度的一个常数。

在恒压法中，利用活塞原理调控系统的体积实现对压力的调节。这一思想是 Anderson 于 1980 年提出的[116]。对于等压条件下的系统，认为处于压力处处相等的外部环境中，可以通过改变系统的体积来保持系统的压强恒定。

2.1.4　运动方程的数值积分

多粒子体系的牛顿运动方程需要通过数值积分方法求解。通常采用有限差分和充分小的时间步长来一步一步地求解运动方程，而且在计算过程中是保持步长固定不变。在经典力学中，粒子的运动方程可以用牛顿第二定律表达，对于第 i

个粒子，运动方程为

$$m_i \frac{\mathrm{d}^2 \boldsymbol{r}_i}{\mathrm{d}t^2} = \boldsymbol{F}_i \tag{2-16}$$

可以将这个二阶微分方程改写为两个一阶常微分方程：

$$\frac{\mathrm{d}\boldsymbol{r}_i}{\mathrm{d}t} = \boldsymbol{v}_i \tag{2-17}$$

$$\frac{\mathrm{d}\boldsymbol{v}_i}{\mathrm{d}t} = \frac{\boldsymbol{F}_i}{m_i} = \boldsymbol{a}_i \tag{2-18}$$

对于运动方程进行数值积分的目的是在给定的初始条件下找到各个粒子在一系列离散的时间点的坐标和速度值。保持两个离散时间点的间隔不变，即时间步长 Δt。将这些离散的时间点记为 t_0，t_1，t_2，…。于是，给出的初始条件为：

$$\{\boldsymbol{r}_i(t_0)\}|_{i=1}^N，\{\boldsymbol{v}_i(t_0)\}|_{i=1}^N \tag{2-19}$$

就可以计算出一系列离散的相轨迹数据：

$$\{\boldsymbol{r}_i(t_1)\}|_{i=1}^N，\{\boldsymbol{v}_i(t_1)\}|_{i=1}^N，\{\boldsymbol{r}_i(t_2)\}|_{i=1}^N，\{\boldsymbol{v}_i(t_2)\}|_{i=1}^N，$$
$$\{\boldsymbol{r}_i(t_3)\}|_{i=1}^N，\{\boldsymbol{v}_i(t_3)\}|_{i=1}^N，\cdots \tag{2-20}$$

有很多种数值积分的方法，这里介绍一下 Velocity-Verlet 积分方法。在这个改进的 Verlet 方法中，包含了速度、加速度及位置的递推关系。第 i 个粒子在时刻 $t + \Delta t$ 的速度 $\boldsymbol{v}_i(t + \Delta t)$ 和位置 $\boldsymbol{r}_i(t + \Delta t)$ 分别由以下两式给出：

$$\boldsymbol{v}_i(t + \Delta t) = \boldsymbol{v}_i(t) + \frac{\boldsymbol{a}_i(t) + \boldsymbol{a}_i(t + \Delta t)}{2}\Delta t \tag{2-21}$$

$$\boldsymbol{r}_i(t + \Delta t) = \boldsymbol{r}_i(t) + \boldsymbol{v}_i(t)\Delta t + \frac{1}{2}\boldsymbol{a}_i(t)(\Delta t)^2 \tag{2-22}$$

按这样的递推关系可计算出粒子的坐标、速度和力随时间不断演化的系统的各时刻的微观状态，从而可得到一条相空间的轨迹。

2.2　MD 模拟基本流程

MD 模拟基本流程如图 2-2 所示，首先，需要给定的输入信息为仿真系统的结构文件（包含每个原子的初始位置及速度）以及原子之间的相互作用势函数。有了这些输入信息之后，就可以在模拟过程中跟踪每个原子的位置及速度随时间变化过程。需要注意的是在具体模拟过程中，可能需要对系统的状态进行控制，比如控制温度、压强、原子的受力等，以达到特定的仿真目的。有了系统中原子位置和速度随时间的演变信息，就可以在后处理过程中运用特定的理论或定律来求解关心的物理量，如系统的扩散系数，热导率，比热容等。

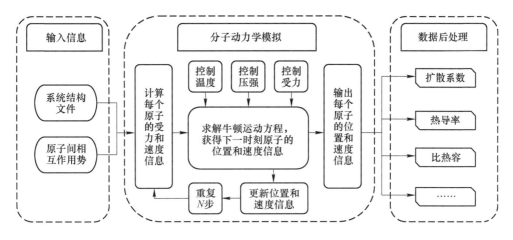

图 2-2 MD 模拟基本流程图

2.3 相互作用势函数

在 MD 模拟中，势函数描述了原子间的相互作用，决定了原子势能与原子间相对位置之间的关系。势函数的质量是 MD 模拟能否准确反映物质性质的关键。通过势函数对位矢求偏导可得到原子之间的作用力。选择不同的势，体系的势能面会有不同形状，原子的运动轨迹也不相同，进而直接影响到抽样结果的可靠性。

通常相互作用势可分为非成键的层间相互作用势，成键的相互作用势和新兴起的 MLPs 等。非成键的层间作用势一般采用范德华相互作用和库伦相互作用来描述。成键相互作用势包括分子内部有化学键形成的经验势和半经验势等。对于半导体纳米材料通常采用 Tersoff 势函数[9]，它可以很好地描述半导体中原子间的共价键作用，因此它可以模拟化学键的形成，断裂及化合的变化过程，并计算出结合能、形成能、键能和晶格等相关物理量。MLPs 是近几年兴起的一类新型势函数，它通过描述符将某一时刻的构型中原子坐标信息转化为机器学习（ML）算法可识别的相对位置关系，根据训练数据对这一时刻原子构型中的力和能量进行预测，然后通过牛顿运动方程获得下一时刻构型的相关信息。如此反复迭代完成 MD 模拟过程。

对于主要研究的碳基低维纳米材料，一些解析经验模型已经被证明可以提供简谐和非简谐振动特性和总热导率的可靠估计。在石墨烯和 CNT 的 MD 模拟中，最常用的多体势采用了 Lindsay 等人[81]优化的 Tersoff[117]势的解析形式，为热输运模拟提供了一个足够可靠的估计。

2.3.1　两体势

这里，介绍一种本书里用到的最简单的两体势函数——Lennard-Jones 势。考虑系统中的任意粒子对 i 和 j，它们之间的相互作用势能可以写为

$$U_{ij}(r_{ij}) = 4\epsilon \left(\frac{\sigma^{12}}{r_{ij}^{12}} - \frac{\sigma^6}{r_{ij}^6} \right) \tag{2-23}$$

式中，ϵ 和 σ 为势函数中的参量，分别具有能量和长度的量纲；$r_{ij} = |\boldsymbol{r}_j - \boldsymbol{r}_i|$ 为两个粒子之间的距离。

Lennard-Jones 势比较适合描述惰性元素组成的物质。它是最早提出的两体势函数之一。所谓两体势，指的是两个粒子 i 和 j 之间的相互作用势函数只依赖于它们之间的距离 r_{ij}，不依赖于系统中其他粒子的存在与否及具体位置。对于这样的势函数，可以将整个系统的势能 U 写为

$$U = \sum_{i=1}^{N} U_i \tag{2-24}$$

$$U_i = \frac{1}{2} \sum_{j \neq i} U_{ij}(r_{ij}) \tag{2-25}$$

将式（2-24）与式（2-25）合起来，可写成

$$U = \frac{1}{2} \sum_{i=1}^{N} \sum_{j \neq i} U_{ij}(r_{ij}) \tag{2-26}$$

式中的 U_i 可以称为粒子 i 的势能。也可以将总势能写为如下形式：

$$U = \sum_{i=1}^{N} \sum_{j>i} U_{ij}(r_{ij}) \tag{2-27}$$

2.3.2　多体势

Tersoff 势[9] 是一种可以很好地描述半导体材料共价键相互作用的多体势，1986 年就被提出，至今在半导体的 MD 模拟方面仍被普遍应用。Tersoff 势有很多形式的变体，这里，以最简单的 Tersoff（1989）势形式为例重点介绍一下。

Tersoff 势的总势能 U 可写为 N 个原子势能的总和

$$U = \sum_{i=1}^{N} U_i = \frac{1}{2} \sum_{j \neq i}^{N} U_{ij} = \frac{1}{2} \sum_{j \neq i}^{N} f_C(r_{ij}) [f_R(r_{ij}) - b_{ij} f_A(r_{ij})] \tag{2-28}$$

式中，U_i 为第 i 个原子的势能；U_{ij} 为原子 i 和原子 j 之间的势能；$f_R(r_{ij})$ 和 $f_A(r_{ij})$ 分别为排斥项和吸引项。具体表达式为

$$f_R(r_{ij}) = A\exp(-\lambda r_{ij}) \tag{2-29}$$

$$f_A(r_{ij}) = B\exp(-\mu r_{ij}) \tag{2-30}$$

式中，A、λ、B、μ 为势函数的拟合参数，均大于 0。

b_{ij} 为原子 i 和原子 j 成键的键序（一般不等于 b_{ji}），可表达为

$$b_{ij} = (1 + \zeta_{ij}^n)^{-1/2n} \tag{2-31}$$

$$\zeta_{ij}^n = \sum_{k \neq ij}^{N} f_C(r_{ik}) g(\theta_{ijk}) \tag{2-32}$$

式中，n 为一个拟合参数，值大于 0。从式（2-31）可以得出：当 $\zeta_{ij} = 0$ 时，b_{ij} 达到最大值 1。随着 ζ_{ij} 的增大，b_{ij} 会变小，成键将变弱。角度函数形式为

$$g(\theta_{ijk}) = \gamma \left[1 + \frac{c^2}{d^2} - \frac{c^2}{d^2 + (\cos\theta_{ijk} - h)^2} \right] \tag{2-33}$$

式中，γ、c、d 和 h 为拟合参数；θ_{ijk} 为 ij 键和 ik 键的夹角。此外，截断函数 $f_C(r)$ 的形式：

$$f_C(r) = \begin{cases} 1, & r \leq R_1 \\ \dfrac{1}{2} \left[1 + \cos\left(\pi \dfrac{r - R_1}{R_2 - R_1} \right) \right], & R_1 < r < R_2 \\ 0, & r \geq R_2 \end{cases} \tag{2-34}$$

式中，R_1 和 R_2 分别为内外截断距离，且有 $R_2 > R_1 > 0$。Tersoff 势除截断 R_1 和 R_2 之外有 9 个拟合参数，分别为 A、B、λ、μ、γ、n、c、d、h。

2.3.3　机器学习势

机器学习（ML）势[118~122]，即基于 ML 模型构建的原子间势，已被证明能够达到与其量子力学训练数据相当的精度，同时在 MD 模拟中研究体系尺寸和计算速度都得到较大的提升。

有多种 ML 模型被用来构建 ML 势，包括人工神经网络[123]、高斯回归[124] 和线性回归[125]。对于任何 ML 模型，都有很多拟合参数需要通过对量子力学数据进行训练来确定。大量的拟合参数是 MLPs 优于传统经验势的基础，传统经验势只有几个到几十个拟合参数。然而，找到一组最优的参数是一项艰巨而复杂的任务。传统的 ML 模型训练方法是基于梯度下降的，这种方法可能陷入 ML 模型损失函数的局部最小值，而导致次优解。另一种 ML 模型的方法是基于演化算法，如遗传算法、遗传规划、演化规划和演化策略。这种与神经网络相结合的全局搜索方法被称为神经演化法，长期以来一直被应用于神经网络的各种演化算法中。目前，它被最先进的演化算法如自然演化策略[126]所改进。一种称为可分离自然演化策略[127]的变体在拟合参数数量上具有线性的计算复杂度，非常适合于大规模神经网络的演化。

MLPs 实际是一种具有更多参数和更高精度的经验势[118~122, 128]，在实现精

确的原子模拟方面显示了巨大的潜力，远远超出了使用量子力学计算可以实现的空间和时间尺度。许多用于 MLPs 的开源计算机软件包已经发布，包括，GAP[124]、MTP[129]、DeepMD-kit[130] 和 NEP[128] 等。然而，现有的大多数 MLPs 在使用一个典型的 CPU 核实现时，其计算速度约为 10^3 个原子步/秒，这比典型的经验势（如 Tersoff 势）慢 2~3 个数量级。因此，尽管 MLPs 已经比量子力学方法更快，但仍然希望尽可能地加快 MLPs 的速度。一种经济的方法是优化 MLPs 本身的理论和实施细节，使其能够被大多数的研究人员使用，花费较小计算成本获得较高的计算效率。最近，樊等人[128] 开发了一种基于自然演化算法的神经网络势，命名为 Neuroevolution Potential（NEP），该 MLPs 使用单个 V100 显卡的 GPU 可以实现约 10^7 个原子步/秒的计算速度，这比使用单个典型 CPU 核的经验 Tersoff 势快 10 倍左右。

在 MLPs 中，原子 i 的势能 U_i 不是直接表达为相对坐标 $\{r_{ij}\}$ 的函数，而表达为高维描述符向量的函数，其分量对于空间平移、三维旋转和反演以及同种原子[131] 的置换是不变的。在 NEP 中使用的描述符来自 Behler 对称函数[132] 和 SOAP[133] 的优化版本。对于单组分系统中的中心原子 i，定义了一组径向描述子分量（$n \geqslant 0$）

$$q_n^i = \sum_{j \neq i} g_n(r_{ij}) \tag{2-35}$$

还有一组角描述子分量（$n \geqslant 0$，$l \geqslant 1$）

$$q_{nl}^i = \sum_{j \neq i} \sum_{k \neq i} g_n(r_{ij}) g_n(r_{ik}) P_l(\cos\theta_{ijk}) \tag{2-36}$$

式中，$P_l(\cos\theta_{ijk})$ 为 l 阶 Legendre 多项式；θ_{ijk} 为 ij 键和 ik 键形成的角。$g_n(r_{ij})$ 是径向函数，将其表示为变量 $x \equiv 2(r_{ij}/r_c - 1)^2 - 1$ 的第一类 Chebyshev 多项式：

$$g_n(r_{ij}) = \frac{T_n(x) + 1}{2} f_C(r_{ij}) \tag{2-37}$$

式中，x 取值范围在 -1 到 1 之间，用于计算 Chebyshev 多项式及其导数的递归关系，具体见参考文献 [128]。

函数 $f_C(r_{ij})$ 是一个截断函数，当 $r_{ij} \leqslant r_c$ 时，

$$f_C(r_{ij}) = \frac{1}{2} [1 + \cos(\pi r_{ij}/r_c)] \tag{2-38}$$

当 $r_{ij} > r_c$ 时，$f_C(r_{ij}) = 0$。

在 MLPs 中，粒子 i 的势能被表示为描述符分量的函数，

$$U_i = U_i(\{q_{nl}^i\}) \tag{2-39}$$

这是一个多变量标量函数。不同的 ML 模型被用来构建这个多变量函数。在 NEP 中，选择前馈神经网络（也称为多层感知器）作为 ML 模型。

2.4 MD 模拟计算热导率方法

基于 Green-Kubo 公式的 EMD 方法和基于傅里叶定律的 NEMD 方法是 MD 模拟中计算晶格热导率的两种主流方法。此外，Evans 等人[48,209]提出的 HNEMD 方法也是一种快速有效的方法。樊等人[186]将其推广到更有实际意义的材料模拟所需的通用多体势，同时还提出了一种从模拟数据中获得谱热导率和声子平均自由程的方法，并在 GPUMD 程序中实现。

2.4.1 EMD 模拟方法

EMD 模拟方法是基于格林-久保（Green-Kubo）公式的，因此也常称为 Green-Kubo 方法[40,41]。通过 Green-Kubo 关系式，可以根据各自共轭通量的涨落计算线性响应和输运系数。输运系数等于自关联函数对关联时间的积分。在热传递的情况下，热导率由热流的波动来计算，即通过 HFACF 对关联时间的积分计算。对于一个处于平衡状态的系统，在没有温度梯度的情况下，随着时间的推移，净热流平均为零，但其关联函数的积分是有限的，并与其热导率成正比。对于热导率的计算，Green-Kubo 公式可写为：

$$\kappa_{\mu\nu}(\tau) = \frac{1}{k_B T^2 V} \int_0^\tau \langle J_\mu(0) J_\nu(\tau') \rangle \mathrm{d}\tau' \tag{2-40}$$

其表示热导率张量 $\kappa_{\mu\nu}(\tau)$ 作为 HCACF $\langle J_\mu(0) J_\nu(\tau') \rangle$ 对关联时间 τ 的积分。式中，k_B 为玻耳兹曼常数；T 为温度；V 为体积；J_μ 和 J_ν 分别为 μ 和 ν 方向上的热流。在具有非谐波相互作用的系统中，当 τ 很大时，HFACF 应衰减到零，其积分应饱和于一个常数值。在实际应用中，长时间的 HFACF 由于统计采样差而变得有噪声，积分由于统计噪声而出现漂移或较大的振荡。通常需要多达几十次的模拟，才能获得收敛的本征热导率结果。此外，本书第 3 章的研究表明 EMD 方法也可用于有限体系表观热导率的计算。

EMD 方法的优点：不需要对声子散射的类型作任何假设，并且考虑了所有阶的非谐性。无需施加外力，利用适当大小的模拟晶胞就可以得到能客观反映材料的本征热导率值。模拟过程设置相对简单，也不需要对结晶性有特别的要求，可以研究缺陷、多晶、非晶等系统。可以同时得到模拟系统各个方向的热导率，适合研究热导率各向异性的情况。

EMD 方法的缺点：数值积分在时间和大小上的收敛性需要彻底检查，对于平均自由程较大的系统，整个模拟过程需要较长的平衡时间。对初始条件的设置比较敏感，因此需要多次独立模拟并求平均值。

2.4.2 NEMD 模拟方法

NEMD 方法是另一种更直观的计算热导率的方法。在模拟晶胞的两端区域定义热源和冷源，并通过系统中原子动力学不受扰动的部分在它们之间产生能量通量。根据傅里叶定律，在固定条件下，在模型上施加一个温度梯度或者一个热流来获得模型上相应的能量或温度的响应，进而求得热导率。NEMD 模拟的典型装置如图 2-3 所示。考虑宽度为 W、长度为 L 的单层悬挂石墨烯片，长度为 L_{th} 的热源区与冷源区，温度分别为 $T + \Delta T/2$ 和 $T - \Delta T/2$ 的恒温器。为了防止热源和冷源之间热量的反向流动，额外的几层原子是被固定的（力和速度在时间积分期间重置为零）。

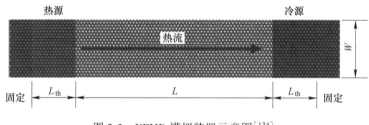

图 2-3　NEMD 模拟装置示意图[134]

NEMD 方法用来计算有限长度 (L) 体系的热导率 $\kappa(L)$，根据傅里叶定律[42,43]，热导率可写为

$$\kappa(L) = \frac{Q}{|\nabla T|} \tag{2-41}$$

式中，∇T 为温度梯度；Q 为热流密度，表示单位时间通过单位面积的能量。

通过在样品两端定义热源和冷源来施加温度梯度，来获得热流的响应，再结合式（2-41）计算热导率。当系统达到稳定状态后，热流密度 Q 可以通过热源和冷源之间的能量转移率 dE/dt 来计算得到：

$$Q = \frac{dE/dt}{S} \tag{2-42}$$

式中，S 为样品的横截面积。

通常，有限系统的热导率计算为热流密度与温度梯度之间的比值，温度梯度提取自远离局部恒温器的温度剖面线性部分。最近，李等人[134]系统地比较了弹道阶段 NEMD 方法，AGF 方法以及弹道-扩散阶段 HNEMD 方法，发现 NEMD 模拟中温度分布的非线性部分不应被排除在热导率和热导的计算之外。他们的研究表明，在所有的输运体系中，都应该直接从热源和冷源之间的温差 ΔT 计算热导率 $\kappa(L)$，具体计算热导率的表达式[134]写为：

$$\kappa(L) = \frac{\mathrm{d}E/\mathrm{d}t}{S\Delta T/L} \tag{2-43}$$

式中，ΔT 为热源和冷源之间的温差。

还有研究发现 Langevin 恒温方法比 Nosé-Hoover 恒温方法[113, 115] 对 NEMD 模拟的局部温度控制更好，更可靠。这对于研究非对称碳基纳米结构尤其重要，因为 Nosé-Hoover 恒温器可以产生导致非物理热整流的假象。

NEMD 模拟在实施过程更接近实验测量方法，适合于探测大温度梯度引起的非线性效应响应。但由于声子平均自由程在热源和冷源之间被截断，NEMD 模拟受模拟尺寸影响严重，通常需要模拟一系列长度的样品，获得扩散区间的热导率是很困难的。对于热导率很难收敛的体系，一般外推到长度趋于无穷时的情况。标准的外推方法[135]假设热导率 $\kappa(L)$ 的倒数与长度 L 的倒数成正比：

$$\frac{1}{\kappa(L)} \approx \frac{1}{\kappa_\infty}\left(1 + \frac{\lambda_\infty}{L}\right) \tag{2-44}$$

通过一系列长度的样品与热导率值，就可以拟合出截距 $\dfrac{1}{\kappa_\infty}$，从而得到与长度无关的热导率 κ_∞，这里的 λ_∞ 为相对有效声子平均自由程。

NEMD 方法的优点：模拟过程类似实验上测量热导率的过程，主要用于计算有限尺寸材料的热导率。此外，多用于有晶界有限体系的热导研究。

NEMD 方法的缺点：模拟样品的尺寸效应显著，相对较大的声子平均自由程，很难模拟到热导率完全收敛的长度。此外，只能获得输运设置单一方向的热导率。

2.4.3　HNEMD 模拟方法

HNEMD 方法是 Evans 等人[48,209]首先提出的基于二体势的方法。最近被樊等人[186]推广到一般的多体势。HNEMD 方法是一种 NEMD 方法，系统中既没有显式热源也没有冷源。通过施加一个外部驱动力来产生均匀热流，使系统进入齐性非平衡稳态。

HNEMD 方法中设定方向上的热导率 $\kappa(t)$ 在给定时间 t 与该方向上产生的非平衡热流 $\langle J(t)\rangle_{\mathrm{ne}}$ 的平均成正比：

$$\kappa(t) = \frac{\langle J(t)\rangle_{\mathrm{ne}}}{TVF_{\mathrm{e}}} \tag{2-45}$$

式中，T 为温度；V 为体积；F_{e} 为外部驱动力，与原子的微观热流有密切关系。

HNEMD 方法的优点：模拟输入信息与 EMD 相似，设置方便简单。F_{e} 设置合理，模拟很快呈现汇聚收敛趋势，通常只需 2~3 次模拟就可以得到 EMD 近 100 次模拟精度。该方法是一种非常高效的计算热导率的方法，有利于节约计算成本，常用于热导率的初步测试计算。

HNEMD 方法的缺点：F_e 的设置要进行系统的测试，设置太小会引入较小的信噪比，太大会导致热导率不收敛，类似发散效果。不同于 EMD 方法可以同时获得模拟系统各个方向的热导率，只能获得设定方向上的热导率。

2.5　基于 GPU 加速的高效 MD 模拟程序

GPUMD 程序是由樊哲勇老师开发的基于 GPU 加速的高效 MD 模拟平台。GPUMD 是图形处理单元（GPU）分子动力学（MD）的缩写，是一个通用的 MD 程序包，完全在图形处理单元 GPU 上实现。它是基于 CUDA 语言编写的，安装非常容易，只要支持 CUDA 的 Nvidia GPU 开发环境，就可以在 Linux 或 Windows 中安装 GPUMD。

GPUMD 对于多体势（如 Tersoff 势）的 MD 模拟是非常高效的。同时它也集成了 NEP 势[128, 136, 137]，可以用来训练拟合 NEP 势，然后在 GPUMD 中进行 MD 模拟。GPUMD 在开发初期主要用于热输运的模拟研究，因此集成了多种研究热传导的模拟方法，并且对热输运模拟的后处理非常简单方便，可以实现用简单的命令达到高效复杂的计算。

GPUMD 最大的特点就是高效，对于一般多体经验势，用 V100 显卡 GPUMD 的速度可达 4×10^8 原子步/秒，是其他 MD 模拟程序的 10 倍以上的速度。对于 NEP 势来说，其 MD 模拟速度也能达到 10^7 原子步/秒，是其他 MLPs 模拟速度的几十甚至上百倍。NEP 势在 GPUMD 中速度基本达到其他程序经验势的模拟速度。

3 热输运 EMD 模拟方法的应用发展

本章围绕热输运性能的 MD 模拟，在计算热导率的 MD 方法上进行了深入的研究。基于 Green-Kubo[138, 139]关系的 EMD 方法长期以来一直是在热力学极限下计算本征热导率的标准方法。而对于纳米尺度有限体系热输运的研究通常使用基于傅里叶定律的 NEMD 方法。在以前的工作[135]中，我们证明过在 EMD 和 NEMD 两种方法在弹道-扩散区间的等价性。但长期以来还没有人尝试用 EMD 方法计算有限体系的热导率。本章在对多种计算热导率方法有了深刻理解基础上，尝试将 EMD 方法应用到有限体系的研究中，并给出了合理的解释。

3.1 EMD 模拟计算有限体系热导率的新应用

NEMD 方法[42, 43, 49, 140~144]一直是计算表观或有效热导率的标准方法。有限系统单位面积的热导，可以用样品中热流与温差的比值来测量。对于良好的热导体来说，$\kappa(L)$ 在纳米尺度甚至微米尺度上与系统长度 L 有关，这取决于系统中的平均声子平均自由程。另一方面，在 EMD 模拟中，热导率是根据 Green-Kubo[138, 139]关系作为 HCACF 的时间积分来计算的。这种方法是在热力学极限下计算热导率的标准方法。在 EMD 方法中，通常在输运方向设置为周期边界条件，计算出的热导率视为无限长系统的本征热导率。但是必须注意使用的有限模拟体系可能会引入尺寸效应。EMD 中的模拟体系与 NEMD 中的模拟体系大小并不对等，它与实验中物理样本大小无关。因此，可以得出结论，虽然 EMD 模拟已经用于计算界面热导[145~149]，但 EMD 不能用于计算有限系统的表观热导率。例如：Matsubara 等人[150]在一项金刚石纳米粒子的热输运研究中明确表达了这一观点。由于 EMD 模拟计算的热导率是一个无限大（周期）系统，以前的工作集中在评估收敛的 EMD 结果与 NEMD 结果外推到无限长度系统之间的等价性[50, 135, 151, 152]。

这项工作中，证明了在传输方向上适当地修改边界条件，EMD 方法实际上可以用来获得有限系统的表观热导率。具体来说，在输运方向上使用固定或开放边界条件，而不是使用周期性边界条件。在这些情况下，跑动热导率首先会随着关联时间的增加而增加，但最终会衰减到零，并在特定的关联时间出现最大值。结果表明，当模拟体系长为 2L 时，EMD 热导率的最大值与模拟体系长为 L 时

NEMD 的热导率值相同。这验证了可以使用非周期性边界 EMD 来研究有限尺寸样品中的热输运。

3.1.1　模拟方法及设置

为了证明结果的普适性，考虑了不同维度的结构体系，包括三维晶体硅、二维石墨烯和手性为（10，10）的准一维 CNTs。这些材料在热管理和热电能量转换方面具有重要的技术意义，它们的热输运特性在过去引起了极大的关注[153~155]。EMD 和 NEMD 模拟的设置如图 3-1 所示。

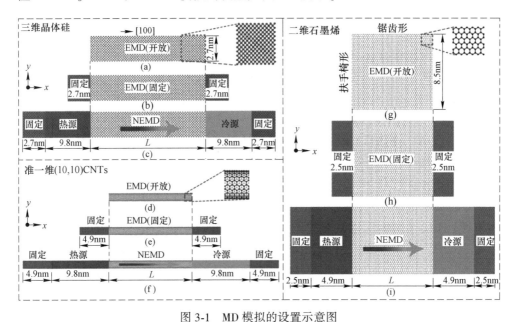

图 3-1　MD 模拟的设置示意图

（a）~（c）三维晶体硅的相关设置；（d）~（f）一维（10，10）CNTs 的相关设置；
（g）~（i）二维石墨烯的相关设置

图 3-1（a）、（d）和（g）显示了在传输方向上具有开放边界或自由边界条件的 EMD 模拟设置。在这里，"开放边界"意思是"自由边界"，也就是说，边界是自由表面，不连接到充当无限储存器的通道，如电子量子输运模拟[156]。图 3-1（b）、（e）和（h）显示了传输方向上固定边界条件的 EMD 模拟设置，其中在传输方向两端的一些多余原子是被固定（冻结）的。在这些情况下，非固定部分的长度为 L，称之为模拟域长度。经过热平衡后，系统在微正则综综中演化，并对平衡热流进行采样。

$$J = \sum_i \sum_j \boldsymbol{r}_{ij} \frac{\partial U_j}{\partial \boldsymbol{r}_{ji}} \cdot \boldsymbol{v}_i \tag{3-1}$$

式中，U_j 为原子 j 的势能；v_i 为原子 i 的速度；$r_{ij} = -r_{ji} \equiv r_j - r_i$ 为原子 i 到原子 j 的相对位置。有关热流公式的推导和势能部分的定义，请参见文献 [157]。从采样的热流可以计算 HCACF $\langle J_x(0) J_x(\tau) \rangle$（以 x 为输运方向）和热导率随时间变化的 Green-Kubo 关系[138, 139]：

$$\kappa(\tau) = \frac{1}{k_B T^2 V} \int_0^\tau \langle J_x(0) J_x(\tau) \rangle \mathrm{d}\tau \tag{3-2}$$

式中，k_B 为玻耳兹曼常数；T 为系统温度；V 为系统体积。对于石墨烯和CNTs，选择碳层间的常规有效厚度为 0.335nm 来计算体积。

图 3-1 (c)（f）和（i）显示了在传输方向上具有固定边界条件的 NEMD 模拟设置，其中除了传输方向两端的一些额外固定原子，在固定原子和中间部分之间还有两个恒温区域，中间部分为样本长度 L。一个恒温区域保持在较高的温度 $T + \Delta T/2$（对应于热源），另一个温度较低 $T - \Delta T/2$（对应于冷源），如样品区域内的箭头所示，产生定向非平衡热流。根据文献 [60]、[134]，耦合时间为 0.1ps 的朗之万热浴用于产生热源和冷源。传输方向上的表观热导率计算[134]：

$$\kappa(L) = \frac{\mathrm{d}E/\mathrm{d}t}{A\Delta T/L} \tag{3-3}$$

式中，A 为横向横截面积；$\mathrm{d}E/\mathrm{d}t$ 为热浴和热浴区域之间的平均能量交换率。

温度分布和热浴中相应的累积能量如图 3-2 所示。热交换率 $\mathrm{d}E/\mathrm{d}t$ 按两条线斜率的绝对值的平均值来计算。

3.1.2 模拟细节

所有的 EMD 和 NEMD 模拟都是使用 GPUMD 程序包[158]实施的。对于 3D 硅晶体，使用了 Mini-Tersoff 势[159]。对于二维石墨烯和准一维（10, 10）CNTs，使用了由 Lindsay 和 Broido[81]优化的 Tersoff 势函数[117]。在室温 300K 下的模拟，时间步长均为 1fs，而对于（10, 10）CNTs 从 300K 升到 1300K 的一系列模拟中，时间步长从 1fs 逐渐下降到 0.1fs。对于 EMD 和 NEMD 模拟，三维硅晶体的两个横向方向（面积约为 $2.7 \times 2.7 \mathrm{nm}^2$）和二维石墨烯基面的横向方向（宽度约为 8.5nm）均使用了周期性边界条件。所有模型的固定区域和恒温区域的长度见图 3-1。此处考虑的 NEMD 模拟域长度为：三维硅晶体的长度 $L = 13.6$nm、27.2nm、54.3nm、108.6nm 和 217.2nm，二维石墨烯的长度 $L = 12.3$nm、24.6nm、49.2nm、98.4nm 和 196.8nm，准一维（10, 10）CNTs 的长度 $L = 24.6$nm、49.2nm、98.4nm、196.8nm 和 393.5nm。对于 EMD 模拟，分别对应域长度是两倍大，即 $2L$。在后面将介绍这一选择的原因。在 EMD 模拟中，对每个域长度执

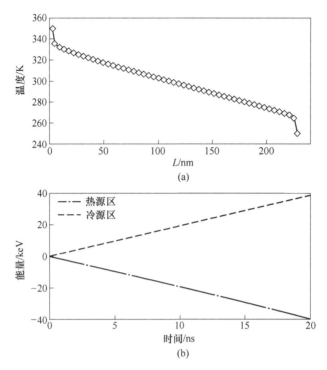

图 3-2 稳态温度分布（a）和热浴与热源区和冷源区耦合的能量随时间的变化（b）

行 10 次独立模拟，每个运行的产出时间为 10ns。在 NEMD 模拟中，对每个域长度执行 3 次独立模拟，每次产出时间为 10ns。所提供数据的误差范围计算为标准误差，即标准偏差除以独立模拟的次数。

3.1.3　模拟结果与讨论

首先考虑了三维硅晶体。归一化 HCACF 和跑动热导率 $\kappa(\tau)$ 与关联时间 τ 的函数关系，来自在传输方向上自由边界条件的 EMD 模拟，如图 3-3 所示。对于跑动热导率，红色粗线代表 10 次独立运行的平均值（灰色细线），黑色虚线表示标准误差。对于 HCACF，为了清晰，只显示平均值。蓝色虚线对应时间 τ_{max}，在此之后 HCACF 发展为负值。这里的系统是在 300 K 和零压下的 3D 硅晶体。图 3-4 显示了在传输方向上具有固定边界条件的 EMD 模拟结果。对于每个样本长度，归一化 HCACF 首先随着 τ 的增加而减小，然后在特定的关联时间 $\tau = \tau_{max}$ 从正值变为负值，最后从负值侧衰减为零。因此，跑动热导率 $\kappa(\tau)$ 首先随着 τ 的增加而增加，然后在 τ_{max} 处形成一个最大值，并最终从正值衰减为零，随着噪声信号比的增加在长时间的极限有波动。在其他研究中也观察到了跑动热导率中的此类峰值，例如纳米多孔硅中的热输运[160]和线性响应形式下的非局部热输运[161]。

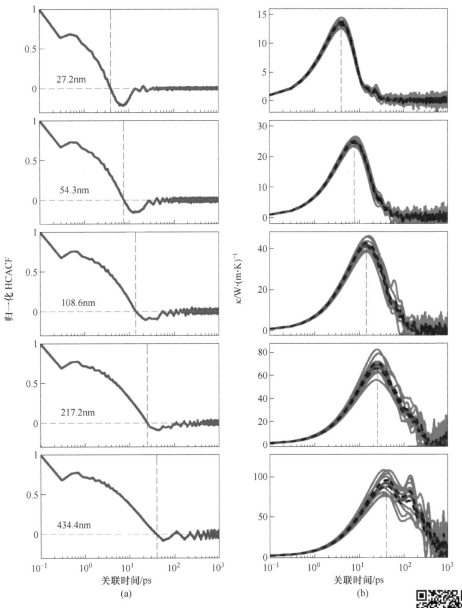

图 3-3 归一化 HCACF（a）和跑动热导率 $\kappa(\tau)$（b）与关联时间的函数关系

扫描二维码
查看彩图

这里的 HCACF 和跑动热导率与传统的 EMD 模拟有很大的不同，

传统的 EMD 模拟在输运方向上采用周期性边界条件，其中 $\kappa(\tau)$ 收敛到一个有限值（如果消除有限尺寸效应，则视为无限长系统的本征热导率）而不是零。在传输方向上具有开放或固定边界条件的 EMD 模拟中，$\kappa(\tau)$ 收敛到零，这一事实导致

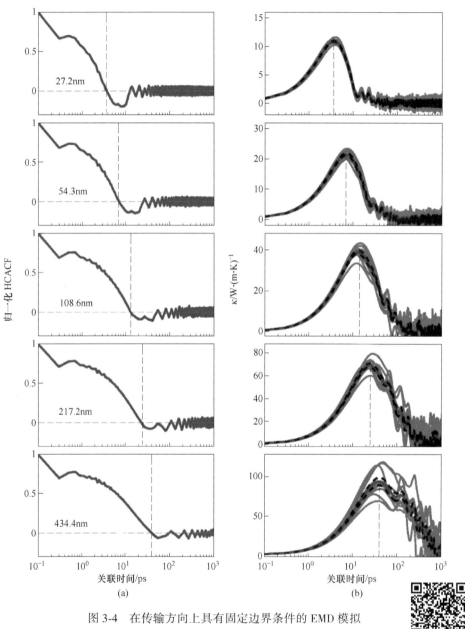

图 3-4　在传输方向上具有固定边界条件的 EMD 模拟

（与图 3-3 类似）

扫描二维码
查看彩图

Matsubara 等人[150]得出结论，Green-Kubo 关系不能用于计算有限系统的热导率。然而，由于 $\kappa(\tau)$ 在 $\tau_{\max}$ 处有一个明确定义的最大值，可以合理地推测这个最大值与 NEMD 模拟计算得到的有限系统的表观热导率有关。

为了探究这个猜想，首先应用 EMD 模拟计算出五个样本的最大 κ 值，并将它们与模拟域长度 L 的函数关系绘制在图 3-5（a）中。将这些值与根据式（3-3）从 NEMD 模拟计算得出的 $\kappa(L)$ 值进行比较。从图 3-5（a）中，可以发现，在 EMD 和 NEMD 模拟中，κ 随着 L 的增加而增加（$\kappa(L)$ 对 L 依赖性可以通过各种经验关系来描述[50, 135, 151, 162]），但它们的值并不与每一个样本长度 L 匹配。然而，值得注意的是，如果使用 $L/2$ 作为 EMD 模拟数据的横坐标时，EMD 和 NEMD 数据变得相互一致，如图 3-5（b）所示。这种定量比较表明了一个明确的关系：在一个域长 $2L$ 的系统中，在开放或固定边界条件下的 EMD 模拟在输运方向上的最大热导率等于在域长 L 的系统中 NEMD 模拟的表观热导率：

$$\kappa_{\max}^{\text{EMD}}(2L) = \kappa^{\text{NEMD}}(L) \tag{3-4}$$

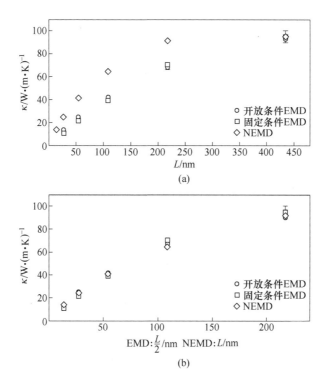

图 3-5　在 300K 和零压下，不同边界条件的 EMD 模拟得到的最大热导率 $\kappa_{\max}$，

以及 NEMD 模拟得到的表观热导率与硅晶体模拟域长度 L 函数关系

（b）与（a）类似，但使用 $L/2$ 作为 EMD 数据的横坐标轴

这种意想不到的关系背后的物理解释为：当 $\tau \to \infty$ 时，$\kappa(\tau) \to 0$ 以及 $\kappa(\tau)$ 在某一特定关联时间 $\tau_{\max}$ 存在最大值的原因源于系统中声子的边界散射。在 Green-Kubo 关系或涨落-耗散定理的背景下，边界散射会由于平衡时自发涨落产生的正向（朝向边界）和反向（从边界反射过来）的热流而导致负 HCACF。这个负的 HCACF 如图 3-6 所示，它是通过计算周期边界条件下（无边界散射）EMD 模拟得到的 HCACF 与在输运方向上开放边界条件下 EMD 模拟得到的 HCACF 之间的差值得到的。平均而言，正向和反向热流相遇时，负 HCACF 的大小从零增加到最大值。这个时间应该接近 $\tau_{\max}$，之后的总 HCACF（由于声子-声子散射和声子边界散射）变为负值。

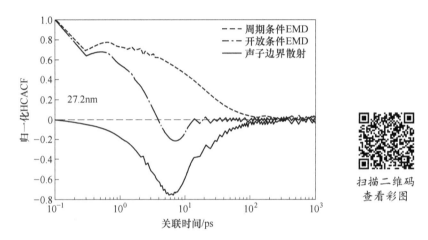

图 3-6　在 300K 和零压下，不同边界条件的硅晶体中的归一化 HCACF

虚线表示具有周期性边界条件的 EMD 模拟获得的 HCACF。点划线表示在传输方向上具有开放边界条件的 EMD 模拟中获得的 HCACF。实线代表由声子边界散射引起的上述两种情况之间的差异。

在准弹道区域，热流（或热波）以声子群速度 v_g 传播，向前热波与向后热波相遇的平均时间是 L/v_g，因此有 $\tau_{\max} \approx L/v_g$。这种关系在图 3-7 中得到了证实。根据图 3-7 中的线性拟合，可以估计 v_g 约为 10km/s，这对硅晶体来说是一个合理的值。

上述论点解释了在关联时间 $\tau_{\max}$ 时，由于声子边界散射而产生的最大热导率 $\kappa_{\max}$ 的发展动态。这些论点也可以用来理解 EMD 的 $\kappa_{\max}$ 与 NEMD 的表观热导率之间的定量关系，如式（3-4）所示。众所周知，NEMD 的表观热导率的长度依赖性也是由声子边界散射引起的。然而，在 EMD 和 NEMD 设置中，声子边界散射事件的平均自由路径存在差异，如图 3-1 所示。在 NEMD 模拟中，声子从热源区释放到冷源区吸收，声子边界散射的平均自由程为 L。另外，在 EMD 模拟中，

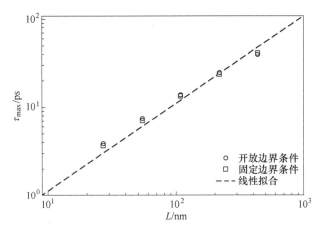

图 3-7　跑动热导率 $\kappa(\tau)$ 达到最大值时的关联时间 τ_{max} 随 EMD 模拟域长度 L 的变化关系

自发涨落产生的声子在经历边界散射之前平均只能传播 $L/2$，因此声子边界散射产生的平均自由路程为 $L/2$。这很自然地解释了式（3-4）中的关系。

先前的结果是在硅晶体中得到的。为了表明等式的普适性，还考虑了其他不同维度尺寸的材料，包括二维石墨烯和准一维（10, 10）CNTs。图 3-8（a）和（b）表明式（3-4）也适用于这些系统。同时还考虑了固定长度为 L 的（10, 10）

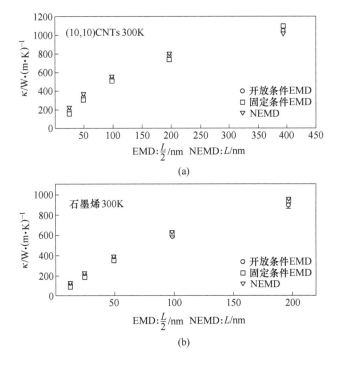

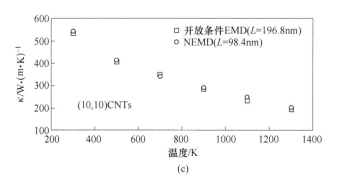

(c)

图 3-8　在不同体系或不同温度下，验证 EMD 和 NEMD 的等效关系

（a）不同长度的（10, 10）CNTs；（b）不同长度的石墨烯；（c）固定长度的（10, 10）CNTs

CNT，从 300K 到 1300K 大的温度范围。图 3-8（c）表明式（3-4）对所有考虑的温度都是有效的。这些广泛的 MD 模拟表明在有限体系下，因边界散射作用，EMD 与 NEMD 两种方法满足式（3-4）等效关系。

　　总之，探索了在传输方向上具有非周期（开放或固定）边界条件的 EMD 模拟的物理基础。在这种情况下，HCACF 在特定的关联时间 τ_{max} 后发展为负值，此时 Green-Kubo 积分的跑动热导率达到最大值 κ_{max}。基于对不同维度尺寸、长度和温度的材料进行的大量 EMD 和 NEMD 模拟，发现来自模拟域长度为 $2L$ 的非周期边界 EMD 模拟的最大热导率 κ_{max} 与来自模拟域长度为 L 的 NEMD 模拟的表观热导率 $\kappa(L)$ 相等。这一结果的物理根源在于，在非周期边界 EMD 模拟中，声子边界散射引起的平均自由程仅为模拟域长度的一半，而在 NEMD 模拟中，它对应于整个域长度。

3.2　有限体系下来自 EMD 和 NEMD 完全等效的热导率模拟

　　MD 是研究纳米尺度热传递的重要方法之一。基于 Green-Kubo 关系的 EMD 方法[138, 139]和基于稳态热流直接模拟的 NEMD 方法[43, 143, 144]是计算各种材料晶格热导率的两种典型方法。对于扩散声子输运，这两种方法已经有了广泛的比较研究[50, 135, 151, 152, 163]，现在人们普遍认为[51]这两种方法在扩散极限上给出了一致的结果。

　　虽然 EMD 方法一直被认为只能用于计算扩散极限的热导率，但前一节中已经证明[164]，它也可以用来计算有限系统的表观热导率（也称为有效热导率）。对于输运方向具有非周期边界条件的有限系统，基于 Green-Kubo 关系的跑动热导率（RTC）在无限时间的极限下最终会收敛到零，RTC 的最大值可以解释为有限系统的表观热导率。然而，用 EMD 方法计算的域长为 $2L$ 的系统的表观热导率与用NEMD方法计算的域长为 L 的系统的表观热导率相等，域长之间的差异令人困惑。在本工作中，证实这种差异与 NEMD 方法中模拟设置的选择有关：如果在传输方向上使用周期边界条件，而不是固定边界条件，EMD 和 NEMD 的热导率值将在相同的域长下一致。具体来说，这里的结果是基于二维（2D）单层硅烯的案例研究，使用了最近开发的 NEP 势[128]，可以准确捕捉这种材料的声子特性。

3.2.1 模型与理论方法

本工作考虑的 EMD 模拟设置如图 3-9（a）所示。将硅烯锯齿方向设置为 x 方向和扶手椅方向为 y 方向，研究 x 方向的热传递。周期边界条件应用于 y 方向。在 x 方向上，使用自由（开放）边界条件来模拟有限域长度 L。在 EMD 方法中，热平衡后，系统在微正则系综中演化，并采样平衡热流[157]。根据所采样的热流，可以通过 Green-Kubo 关系[138, 139] 计算 HCACF $\langle J_x(0)J_x(\tau) \rangle$ 和跑动热导率 $\kappa(\tau)$。

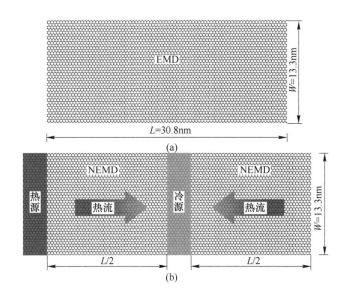

图 3-9　硅烯的 EMD 和 NEMD 模拟结构设置示意图
（a）在传输方向上（水平方向）域长为 L 的具有开放边界条件的 EMD 模拟设置；
（b）输运方向（水平方向）具有周期边界条件的 NEMD 模拟设置
在 EMD 和 NEMD 中，横向（垂直方向）具有周期性边界条件，宽度为 W

图 3-9（b）显示了在传输方向（x 方向）具有周期边界条件的 NEMD 模拟设置。为了与 EMD 模拟一致，对 y 方向施加了周期边界条件。在 x 方向上，有

两个以 $L/2$ 分隔的恒温区域，作为热源（温度较高的为 $T + \Delta T/2$）和冷源（温度较低的为 $T - \Delta T/2$）。因此，在没有恒温器的情况下，模拟域的总长度为 L，这与 EMD 的情况相同。当温差为 $\Delta T = 20\text{K}$ 时，NEMD 模拟的典型温度分布如图 3-10（a）所示。在 NEMD 方法中，当达到稳态时，热源区域将以给定的速率 $\text{d}E/\text{d}t$ 从高温恒温器吸收能量。根据能量守恒，冷源区域会同时以相同的速率向低温恒温器释放能量，如图 3-10（b）所示。将横截面积表示为 A，图 3-9（b）所示的一个方向的热流通量为 $\text{d}E/\text{d}t/(2A)$，其中因子"2"表示热量从热源区域通过两个相反的方向流向冷源区域。根据傅里叶定律，域长为 L 的有限系统的表观（有效）热导率 $\kappa(L)$ 为

$$\kappa(L) = \frac{\text{d}E/\text{d}t/(2A)}{\Delta T/(L/2)} \tag{3-5}$$

遵循已有的惯例[60, 134]，这里，温度梯度取 $\Delta T/(L/2)$。

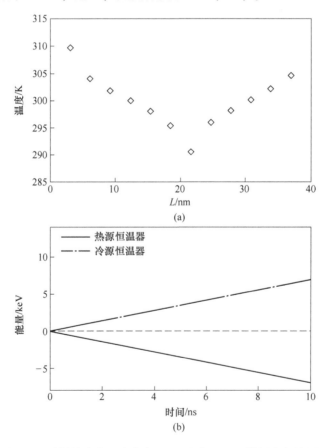

图 3-10　硅烯的稳态温度分布（a）和在 NEMD 模拟中与热源和冷源区域耦合的恒温器能量随时间的变化（b）

在 EMD 和 NEMD 模拟中，横方向的宽度均选择为 $W = 13.3$nm。单层硅烯的厚度取常规值 0.42nm[128, 135, 165, 166]。考虑以下传输方向的模拟域长：$L = 7.7$nm、15.4nm、30.8nm、61.6nm 和 123.2nm。对于 EMD 和 NEMD 模拟，首先在等温等压系综平衡系统，在 300K 和零压运行 0.1ns。然后，在 EMD 模拟中，在微正则系综中演化系统 5ns。在 NEMD 模拟中，使用局域朗之万恒温器（耦合时间为 0.1ps）产生 10ns 的非平衡热流，并使用后半部分的数据来计算稳态热流。分别在 EMD 和 NEMD 中对每个域长度进行 30 次和 3 次独立的模拟。所有的 MD 模拟都是使用开源的 GPUMD 程序包[167, 168]进行的。在所有情况下都使用 1fs 的时间步长。

3.2.2 势函数训练

使用最近开发的 NEP 神经演化势[128]，这是一个 MLP 框架，可以同时实现高精度和低成本。训练数据来自 MLIP 包[169]实现的主动学习方案。考虑的温度范围为 100~900K，双轴面内应变范围为−1%~1%。共有 914 种结构，共 54840 个原子。关于训练数据和 NEP 势相关超参数的更多细节已在参考文献[128]中提出。训练的 NEP 势以及其他输入和输出文件均可免费获得[158]。图 3-11（a）显示了训练过程中能量、力和位力均方根误差（RMSEs）的演变过程。图 3-11 （b）~（d）将训练得到的 NEP 势预测的能量、力和位力值与 DFT 计算得出的参考值进行比较。能量分量、力分量和位力分量的 RMSE 分别为 1.5meV/atom、56meV/Å（1Å = 0.1nm）和 8.8meV/atom。结果与从其他流行 MLPs 中获得的 RMSE 相当，而使用的 NEP 势在计算效率方面要高得多[128]。比如，NEP 势在使用单个 Nvidia Tesla V100 GPU 进行 MD 模拟时可以达到 1.3×10^7 原子步/秒的速度，而在 MLIP 中实现的矩张量势在使用 72 个 Intel Xeon-Gold 6240 CPU 核时只能达到 10^5 原子步/秒的速度。NEP 势的效率能够满足使用合理数量的计算资源进行大规模和长时间的 MD 模拟。

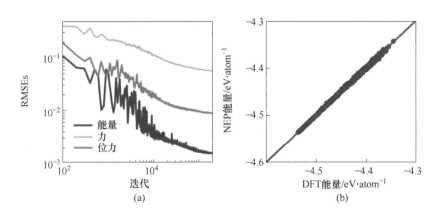

(a) (b)

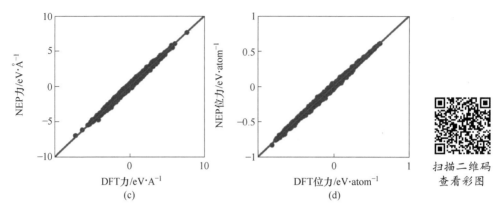

图 3-11   NEP 势函数训练

（a）NEP 训练过程中能量、力和位力 RMSEs 的演变；（b）~（d）与量子力学 DFT 计算
得出的参考值相比，训练出的 NEP 势预测的能量、力和位力值

3.2.3   模拟结果与讨论

图 3-12（a）显示了硅烯的 $\kappa(\tau)$ 随 Green-Kubo 积分关联时间 τ 上限的变化
关系。在此，对传输方向施加周期边界条件，模拟系统可视为无限的二维系统。

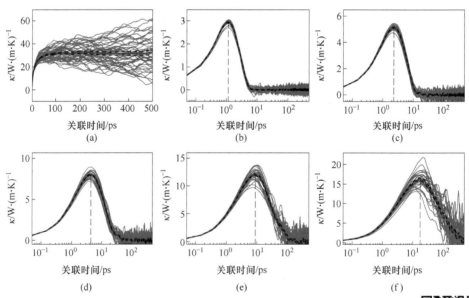

图 3-12   硅烯的跑动热导率随关联时间的变化关系

（a）来自周期边界条件的 EMD 模拟；（b）~（f）来自不同模拟长
度的开放边界条件的 EMD 模拟

扫描二维码
查看彩图

在这种情况下，RTC 将收敛到一个有限值，该值可视为二维硅烯在扩散极限的本征热导率。使用了一个包含 24000 个原子的 38.7nm×40.2nm 的大模拟范围，收敛热导率为（31.9±1.4）W/(m·K)，与来自文献［128］报告的同一 NEP 势（(33.7±0.6) W/(m·K)）和来自参考文献［166］中报告的高斯近似 MLP（(32.4±2.9) W/(m·K)）结果一致。

在传输方向施加周期边界条件时，RTC 收敛于有限值，而在传输方向施加非周期（开放或固定）边界条件时，RTC 总是收敛于零。从图 3-12（b）~（f）可以看出本书考虑的所有模拟域长度。尽管在时间极限下衰减为零值，但在这些有限系统中，RTC 在特定的关联时间 τ_{max} 处表现出一个明显的最大值 κ_{max}^{EMD}。在前期的工作[164]中，这个最大值被解释为有限系统中的表观热导率。与参考文献［164］相似，发现 τ_{max} 几乎是域长 L 的线性函数，$L \approx v_g \tau_{max}$，其中比例系数 v_g 可以解释为声子的有效群速度，拟合约为 7km/s。

表 3-1 列出了不同 L 下 EMD 模拟的最大 RTC。同时列出了通过式（3-5）计算得到的 NEMD 模拟的热导率值。在图 3-13（a）中也绘制了表中的数据，可以看出 EMD 和 NEMD 计算的热导率值非常吻合。由图 3-13（b）可以看出，EMD 和 NEMD 的热导率相对差小于 5%，与 MD 模拟的统计不确定性相当。因此，从数学表达上可有

$$\kappa_{max}^{EMD}(L) = \kappa^{NEMD}(L) \tag{3-6}$$

值得注意，EMD 结果是通过在传输方向上使用非周期边界条件得到的。使用了开放边界条件，但在 EMD 模拟中使用固定边界条件也可以得到类似的结果。

表 3-1 来自 EMD（κ_{max}^{EMD}）和 NEMD（κ^{NEMD}）模拟长度为 L 的有限系统的热导率数据

L/nm	κ_{max}^{EMD} /W·(m·K)$^{-1}$	κ^{NEMD} /W·(m·K)$^{-1}$
7.7	2.95 ± 0.01	2.91 ± 0.01
15.4	5.15 ± 0.03	5.12 ± 0.05
30.8	8.04 ± 0.07	7.94 ± 0.09
61.6	12.12 ± 0.17	11.61 ± 0.12
123.2	16.54 ± 0.33	16.03 ± 0.21

与文献［164］中 $\kappa_{max}^{EMD}(2L) = \kappa^{NEMD}(L)$ 的关系不同，在式（3-6）中，发现了 EMD 和 NEMD 模拟之间的域长度没有差异。这意味着图 3-9 中的 EMD 和 NEMD 模拟设置是直接可比的。事实上，在两种设置中，与声子边界散射相关的平均声子平均自由程是相同的，在 NEMD 和 EMD 模拟中，都为 $L/2$。正是这种等效性使得两种方法在给定的模拟域长上具有相同的表观热导率。

虽然这两种方法在有限系统中计算表观热导率是等价的，但它们不是计算无限长极限下扩散热导率的选择方法。确实，当 $L = 123.2$nm 时，表观热导率仍然

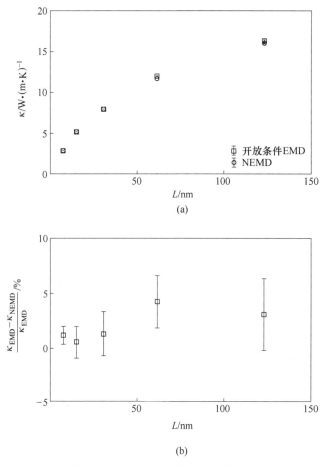

图 3-13　热导率与模拟域长函数关系

（a）在 300K 和零压下，开放边界条件的 EMD 模拟的最大热导率 κ 和 NEMD 模拟的表观热导率
与模拟域长 L 的函数关系；（b）EMD 和 NEMD 的热导率相对误差与模拟域长 L 的函数关系

只有 $(16.03\pm0.21)\mathrm{W/(m\cdot K)}$ 来自 NEMD 模拟，仅为扩散热导率的一半左右。然而，在纳米尺度上，人们经常需要考虑有限系统，本书中所证明的 EMD 和 NEMD 之间的等价性将是有用的，因为人们可以选择更适合特定应用的适当方法。EMD 方法更适合的一个应用是测定一些形状不规则的零维系统的表观热导率，例如纳米颗粒。在这种情况下，按 NEMD 方法的模拟设置需要除模拟域之外的一部分体系用于设置热源和冷源来注入和取出热能，此外，由于模拟域长度较小以及传输方向横截面不同等也限制了温度梯度和热流密度的统计与计算，这些都影响了 NEMD 方法的有效实施。

　　总之，利用 EMD 和 NEMD 方法，基于精确的 NEP 势，计算了具有有限模拟域长的单层硅烯的表观热导率。对于模拟域长度为 L 的有限系统，开放边界条件下 EMD 模拟得到的最大热导率 $\kappa_{max}^{EMD}(L)$ 与输运方向上周期边界条件下 NEMD 模拟得到的表观热导率 $\kappa^{NEMD}(L)$ 完全对应相等。在输运方向具有非周期边界条件的 EMD 方法可以用于 NEMD 方法不能直接应用的情况，例如表征有限纳米颗粒的表观热导率。

3.3 本 章 小 结

将 EMD 方法应用到计算有限体系热导率的研究中，发现由于有限体系下边界对声子的散射，在 EMD 模拟中，相应的关联时间会出一个最大热导率。通过不同维度多种材料有限尺度的模拟验证，确定 EMD 模拟中的最大热导率与 NEMD 方法的热导率有密切关系。对于固定部分原子的非周期性边界设置 NEMD 模拟，模拟长度为 $2L$ 的 EMD 模拟的最大热导率 κ_{max} 与长度为 L 的 NEMD 模拟的表观热导率 $\kappa(L)$ 相等。而对于周期性边界设置的 NEMD 模拟，有效模拟域长度为 L 的有限系统，EMD 模拟得到的最大热导率 $\kappa_{max}^{EMD}(L)$ 与 NEMD 模拟得到的表观热导率 $\kappa^{NEMD}(L)$ 是等价的。因此，成功实施并解释了 EMD 方法计算有限体系的热导率，将为研究一些不规则形状有限体系的热输运性能提供可行的方案。

4 晶界、超晶格和具有范德华相互作用复杂结构的传热机理分析

本章围绕热输运性能的 MD 模拟，对最适合应用 MD 模拟的复杂结构体系展开了全面系统的研究。在第 3 章熟练掌握各种 MD 模拟计算热导率的方法基础上，进一步应用这些方法研究了几种具有代表性的复杂结构的热输运性质。由于实验上，样品的生长不可避免地会含有空位、缺陷、晶界等杂质，这些杂质的引入可以增强对声子的散射作用，从而会影响一定范围的高频声子，降低其热输运性能。另外，由于特定热耗散、热管理的需要，设计新型复杂的纳米结构也至关重要。先进的制造技术使得二维异质结构的多级电路集成成为可能，解决界面散热问题也成为设计纳米器件的当务之急。半导体器件的传热是由大量声子群跨越一定频谱范围进行传输的，并且存在不同的相互作用，在这些纳米结构中控制声子的传输实际上是一项复杂的任务。目前，已经有很多复杂结构的热输运性能的研究工作。最具代表性的复杂结构包括：面内异质结构——界面，周期性排列的特殊结构——超晶格，以及具有层间范德华相互作用的异质结构。为了揭示这几类具有代表性的复杂结构的热输运机制，以低维纳米材料为基础分别开展了具体的研究工作。

4.1 石墨烯/h-BN 异质结构界面的热输运性能

在发现原子级厚的二维石墨烯和其他材料后，人们致力于构建由它们构成的各种异质结构。可以通过垂直堆叠二维材料以形成多层异质结构[170]或通过横向缝合它们以形成具有面内连接的二维纳米片。石墨烯和 h-BN 具有相似的晶体结构，晶格常数差异仅为 2%，并且石墨烯/h-BN 面内异质结构已被制造并且已被证明是有前途的下一代纳米器件材料[20, 22, 23, 171~174]。纳米器件中最重要的问题之一是在纳米声子背景下的高效热管理[175]，这需要对热输运特性进行详细的微观理解。调研发现，石墨烯/h-BN 晶界（GBs）的热输运特性尚无实验研究，而只是通过原子格林函数[76]和 MD 模拟[19]对一些简单的界面以及有缺陷的界面进行的理论研究。其他工作[72]还考虑了多层石墨烯/h-BN 晶界的情况，以及在晶界中增加无序[176]或与其他缺陷共存的情况[73, 92, 177]。然而，这些理论研究都只考虑了一些有限的简单石墨烯/h-BN 界面，并不能完全代表所有可能的有意义的

结构。为了从微观上彻底理解声子在石墨烯/h-BN 异质结构热传输中的作用，MD 模拟是首选的工具。然而必须利用一种有效的晶界模型构建方法，因为晶界在扩散时间尺度上发展和松弛，远远超出了 MD 所能实现的时间尺度范围。在之前的工作中[178] 合作者开发了一种高效灵活的晶体相场（PFC）模型[110, 111] 来描述在同一物理域中共存的多种原子类型和相的弛豫原子构型。因此，首先利用 PFC 模型[178] 构建了石墨烯/h-BN 异质结构。PFC 模型是一组连续介质方法，可以模拟晶体的原子结构和能量学，以及它们在扩散时间尺度上的演化，通常是原子 MD 模拟无法达到的。单组分系统的 PFC 模型，如石墨烯[179] 和 h-BN[180] 已经成功地应用于构建大型且真实的双晶和多晶系统，用于进一步的密度泛函或经典MD 模拟[18, 74, 88] 的原子计算。

在这项工作中，使用 PFC 模型构建了由石墨烯/h-BN 晶界组成的真实双晶系统。考虑了石墨烯和 h-BN 两者之间一系列倾斜角度的晶格匹配和晶格失配系统。在获得此类系统的松弛原子构型后，将其用作 MD 模拟的输入，并系统地研究了这些石墨烯/h-BN 晶界的热输运特性。发现石墨烯和 h-BN 之间的晶格匹配和晶格失配两种构型对界面热导的影响较小，并且热整流现象也不明显。这些都表明，石墨烯/h-BN 异质结构中的热传输特性对晶界的实际微观结构并不十分敏感。

4.1.1 石墨烯/h-BN 晶界模型

PFC 模型是一种跨越原子到介观尺度研究晶体结构的方法。传统的 PFC 模型忽略了快速的声子振动，而倾向于缓慢的扩散动力学[110]。这使得缺陷结构的有效松弛成为可能。在这里使用了一个 PFC 模型，该模型允许受控的相分离，并可以很容易地对不同元素组成、晶格结构和不同相之间的弹性性质的异质结构进行建模。该模型的全部细节和参数在文献 ［178］ 中给出，在这里概述一下要点。分别使用碳、硼和氮的 $N = 3$ 周期性平滑密度场 n_1、n_2 和 n_3 对石墨烯/h-BN 进行建模。在一个二维周期性计算单元中初始化 n_i，该单元有两个对称倾斜的晶体，它们之间有过冷液态的窄带。然后，使用半隐式光谱法[181]，假设以下动力学平衡 n_i 数值：

$$\frac{\partial n_i}{\partial t} = \nabla^2 \left\{ \alpha_i n_i + \beta_i (\nu_i^2 + \nabla^2)^2 n_i + \gamma_i n_i^2 + \delta_i n_i^3 + \right.$$

$$\left. \sum_{\substack{j=1 \\ j \neq i}}^{N} \left[\alpha_{ij} n_j + \beta_{ij} (\nu_{ij}^2 + \nabla^2)^2 n_j + \frac{\gamma_{ij}}{2} (2 n_i n_j + n_j^2) + \delta_{ij} G * (G * n_j) \right] \right\} \quad (4-1)$$

在式 (4-1) 中，前 4 项是典型的单组分 PFC 模型，而后面的 4 项是 n_i 结合项。

最后一项负责相位分离，涉及平滑密度 η_j 的高斯卷积（用星号运算 $*$ 表示），其中原子尺度结构已被过滤掉。使用参考文献［179］、［182］中方法的一个简单扩展，将松弛密度场转换为原子坐标。

图 4-1 显示了石墨烯/h-BN 晶界 PFC 模型的局部结构。在 PFC 模型中，通过假设石墨烯和 h-BN 的共同晶格常数为 2.46Å，获得图 4-1（a）~（g）的结构，称为晶格匹配晶界。另外，通过假设石墨烯的晶格常数为 2.46Å 和 h-BN 的晶格常数为 2.51Å 获得图 4-1（h）~（n）的结构，称为晶格失配晶界。之前一些工作[19, 72, 76, 92]只考虑了倾斜角度为 0°（扶手椅方向的晶界）或 60°（锯齿方向的晶界）的石墨烯/h-BN 晶界。对于这两个特殊倾角，晶格匹配晶界不包含任何拓扑缺陷，见图 4-1（a）和（g），而晶格失配的晶界包含稀疏分布的 5~7 缺陷，见图 4-1（h）和（n）。这里 PFC 模型中的所有样品都由两个晶界连接的石墨烯片和 h-BN 片组成，并且在平面 x 和 y 方向上具有周期性边界条件。晶界沿 y 方向排列，主要研究垂直穿过晶界（x 方向）的热输运性质。石墨烯和 h-BN 薄片在 x 方向上的长度约为 100nm。对于晶格匹配的晶界，在 y 方向上的宽度约为 10nm。对于晶格失配的晶界，很难找到宽度较小的周期性晶胞，在 y 方向上的宽度根据倾斜角度约从 14~170nm 不等。

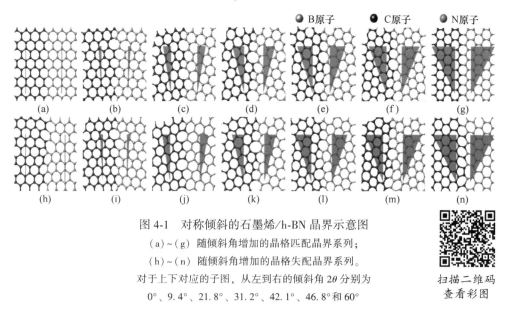

图 4-1　对称倾斜的石墨烯/h-BN 晶界示意图

（a）~（g）随倾斜角增加的晶格匹配晶界系列；
（h）~（n）随倾斜角增加的晶格失配晶界系列。
对于上下对应的子图，从左到右的倾斜角 2θ 分别为
0°、9.4°、21.8°、31.2°、42.1°、46.8°和 60°

扫描二维码
查看彩图

4.1.2　NEMD 模拟设置及细节

利用获得的双晶体样品，使用开源 GPUMD 程序[167, 168]来执行 NEMD 模拟继续研究其热输运特性。采用 Kinaci 等人[183]构造的 Tersoff 多体势[117]描述原子

间的相互作用。GPUMD 程序完全在图形处理单元（GPU）中实现，一台 Nvidia Tesla V100 用于 Tersoff 势 MD 模拟的计算速度可达 10^8 原子步/秒。这种高计算效率保证了能够进行广泛的 MD 模拟，以表征石墨烯/h-BN 异质结构的热输运特性。

参照图 4-2（a），首先考虑从石墨烯一侧到 h-BN 一侧的热输运。稍后，还将在热整流的背景下考虑相反的方向。由于使用了周期性边界条件，只需要在热源区和冷源区之间冻结一个原子块（标记为"固定"）来实现它们之间的绝缘墙。然后，热量将只沿着箭头指示的方向流动。在样品的 NEMD 模拟中，首先在 10K 下平衡系统 25ps，然后将系统从 10K 到 300K 线性升温 25ps，之后再在 300K 下平衡系统 25ps。在上述阶段中，使用了带有 Berendsen 恒温恒压热浴[184]的 NPT 系综。平衡后，遵循惯例做法[60, 134]，移除全局热浴，将 Langevin 局部热浴[185]应用于热源和冷源区。达到稳态后，热源和冷源区的温度将分别为 330K 和 270K。所有系统都平衡 500ps 使其达到稳定状态。之后，再使用另一个 500ps 来采样温度曲线。在所有 MD 模拟中，使用了足够小的 0.25fs 的时间步长。为了确保高统计精度，对每个系统进行 3 次独立模拟。图 4-2（b）显示了一个典型的温度分布曲线。可以看到在三个地方有温度跳跃：在热源区和石墨烯片之间，在晶界附近，以及在冷源区和 h-BN 片之间。热源和冷源周围的温度跳跃与弹道接触热阻有关，即使在短晶系中也存在这种接触热阻[60, 134]。此外，晶界附近的温度跳变 ΔT 是界面 Kapitza 热阻 R 或界面 Kapitza 热导 G 的标志（上标"c"表示"经典"，下文将进一步讨论）

$$G^{\mathrm{c}} = \frac{1}{R} = \frac{Q}{\Delta T} \tag{4-2}$$

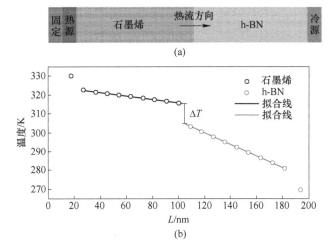

图 4-2　NEMD 模拟装置示意图（a）和稳态温度分布图（b）
温度跳变 ΔT 可以通过与晶界两侧的温度曲线线性拟合得到

其中

$$Q = \frac{1}{V} \sum_{i \in V} \langle \boldsymbol{W}_i \cdot \boldsymbol{v}_i \rangle_{\text{ne}} \tag{4-3}$$

式（4-3）是在传输方向（x 方向）上的热流的非平衡集合的平均[157, 186, 187]（因此下标为"ne"），在稳定状态下确定为系统中包含晶界的一部分，其中 V 为该部分的控制体积。为了计算 V，假设单层的厚度为 0.335nm。在式（4-3）中，$\boldsymbol{v}_i$ 是原子 i 的速度，

$$\boldsymbol{W}_i = \left(\sum_{j \neq i} x_{ij} \frac{\partial U_j}{\partial \boldsymbol{r}_{ji}} \right)_{\text{ne}} \tag{4-4}$$

是由一个原子 i 的位力张量的三个分量构成的"矢量"。式中，U_j 为原子 j 的势能；$\boldsymbol{r}_{ji} = \boldsymbol{r}_i - \boldsymbol{r}_j$，$\boldsymbol{r}_i$ 为原子 i 的位置。在式（4-3）中的求和指数 i 为游历在体积 V 中的原子，而在式（4-4）中的求和指数 j 为原子 i 的近邻。用式（4-3）计算的总热流等于根据局部热浴作用下热源和冷源区的能量交换率计算的总热流，在之前的工作[14, 188]已被证明过。

4.1.3　光谱分解和量子修正

在 NEMD 模拟背景下，提出了一种基于力-速度-时间关联函数的谱分解方法[14, 189~192]。这种方法后来被重新表述为基于位力-速度-时间关联函数的更方便的形式[186, 187]。在这种方法中，热导可以相对于声子频率 ω 进行积分，

$$G^{\text{c}} = \int_0^\infty \frac{\mathrm{d}\omega}{2\pi} G^{\text{c}}(\omega) \tag{4-5}$$

式中，$G^{\text{c}}(\omega)$ 为谱热导。可以通过下面的傅里叶变换来计算[186, 187]：

$$G^{\text{c}}(\omega) = \frac{2}{\Delta T} \int_{-\infty}^{+\infty} \mathrm{d}t \mathrm{e}^{\mathrm{i}\omega t} K(t) \tag{4-6}$$

这里，$K(t)$ 是位力-速度-时间的关联函数，定义为

$$K(t) = \frac{1}{V} \sum_{i \in V} \langle \boldsymbol{W}_i(0) \cdot \boldsymbol{v}_i(t) \rangle_{\text{ne}} \tag{4-7}$$

这种形式适用于一般的多体原子间势，包括 MLPs[128]。

在式（4-6）中定义的谱热导 $G^{\text{c}}(\omega)$ 应理解为经典方法的。利用量子模态热容，对 $G^{\text{c}}(\omega)$ 的量子修正已被证明是可行的[62, 74, 193]，相当于将 $G^{\text{c}}(\omega)$ 乘以一个因子（上标"q"表示"量子"）

$$G^{\text{q}}(\omega) = G^{\text{c}}(\omega) \frac{x^2 \mathrm{e}^x}{(\mathrm{e}^x - 1)^2} \tag{4-8}$$

式中，$x = \hbar\omega/k_{\text{B}}T$，$\hbar$，$k_{\text{B}}$ 和 T 分别为约化普朗克常数、玻耳兹曼常数和温度。通过与频率有关的积分获得总量子修正界面热导：

$$G^q = \int_0^\infty \frac{d\omega}{2\pi} G^q(\omega) \tag{4-9}$$

4.1.4 界面 Kapitza 热导

图 4-3（a）显示了倾角为 0°的晶格失配晶界的位力-速度-时间关联函数 $K(t)$。对应的经典和量子界面谱热导 $G^c(\omega)$ 和 $G^q(\omega)$ 分别显示为图 4-3（b）中的实线和虚线。如图 4-3（a）所示，通过傅里叶变换计算的谱热导，必须同时考虑正负关联时间；仅使用正或负部分，即假设 $K(-t) = K(t)$，可能导致在特定频率下的谱热导中产生明显的负值。这里一个重要的观察结果是，量子修正强烈抑制了声子高频模式的贡献。

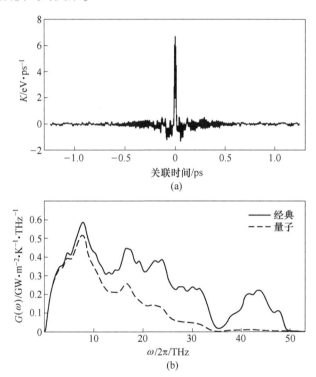

图 4-3　位力-速度时间关联函数（a）和经典（实线）与量子（虚线）谱界面热导（b）

这里考虑的系统对应于晶格失配 $2\theta = 0°$ 的晶界

通过 $G^q(\omega)$ 对频率 ω 的积分，得到了本工作中所考虑的所有体系的量子界面热导 G^q，如图 4-4 所示。图中有一些重要的观察结果，如下所述。

首先，对于晶格匹配和晶格失配的晶界，界面热导都有很强的倾角依赖性。在这两个系列中，最大热导出现在 $2\theta = 0°$ 或 $2\theta = 60°$ 时，这比出现在 $2\theta = 32.2°$ 或 $2\theta = 42.1°$ 时的最小热导约大 50%。这一总体趋势可以理解为，在具有中间倾斜角度的晶界中存在更多缺陷（晶界能量更高）。类似的趋势也存在于其他系统中，比如硅中的扭转晶界[194]。

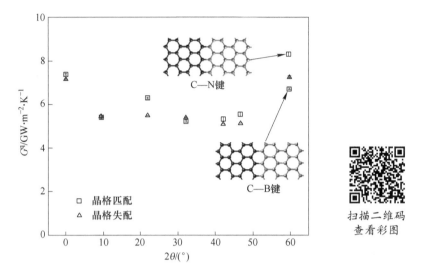

图 4-4 晶格匹配（方形）和晶格失配（三角形）的量子校正界面热导 G^q
在晶格匹配且 $2\theta = 60°$ 的情况下，考虑以 C—N 或 C—B 键缝合的晶界

第二，与其他倾角的晶界相比，倾角 $2\theta = 21.8°$ 的晶格匹配晶界具有异常大的热导。这种反常现象也存在于倾斜角度相同的纯石墨烯晶界[74]和纯 h-BN 晶界[88]中。在这个特殊的倾斜角度下，晶格匹配的晶界由规则排列的 5~7 个环组成，由此产生的晶界平面周围较平整[74]。平整度有助于增强声子在整个晶界中的传输。

第三，在 $2\theta = 60°$ 的情况下，晶格失配的晶界比带有 C—B 键的晶格匹配的晶界具有更大的热导。意味着，在这种特殊情况下，界面应力比界面缺陷对热输运的阻碍作用更大。图 4-5 显示了晶界周围的每原子应力（具体来说，显示了应力张量的 xx 分量）分布情况。晶格匹配晶界中的应力分布相当均匀，但在晶格失配晶界中的应力主要集中在缺陷处。对于给定的倾斜角度，晶格匹配晶界中的平均应力大于晶格不匹配晶界中的平均应力。由于缺陷和应力场都会影响声子输运，所以晶格匹配晶界中的热导并不一定大于晶格失配晶界中的热导。刘等人[19]发现，在 $2\theta = 60°$（锯齿形取向的晶界）的情况下，无论晶界是由 C—N键还是 C—B 键形成的，晶格失配情况下的热导都更大一些。然而，我们发现，具有 C—N 键的晶格匹配的晶界比 $2\theta = 60°$ 的晶格失配的晶界具有更大的热导率。不知道这种差异的确切来源，但我们注意到，刘等人[19]的计算是基于在LAMMPS 程序包中实现的热流表达式[195]，这与 GPUMD 程序包[157, 168]中实现的热流表达式是不同的，例如本工作中使用的 Tersoff 势。在 GPUMD 中，使用了遵循牛顿第三定律的作用力与反作用力的表达形式[157]，更适用于周期系统的应力表达，可以准备描述多体势的原子间力和热流。而 LAMMPS 中的热流是基于两体势导出的应力公式得出的[195]。已有一些工作证明 LAMMPS 程序热流表达式对于二维材料的多体势计算是有问题的[157,196~198]。根据图 4-4 中的结果，可以说晶格匹配和晶格失配晶界之间的热导的相对大小没有明确的顺序，相对差异非常小（约为 10%）。

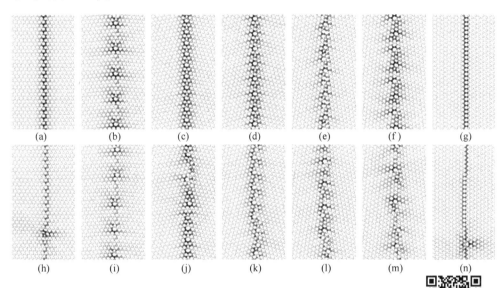

图 4-5　石墨烯/h-BN 晶界处的应力分布
（a）~（g）随倾斜角度的增加，晶格匹配晶界序列；
（h）~（n）随倾斜角度的增加，晶格失配晶界序列
应力值的符号和大小（xx 分量）由蓝色和红色及其密度表示

扫描二维码
查看彩图

在本研究的石墨烯/h-BN 混合异质的晶界中，注意到界面热导对倾斜角的依赖性不如在同质晶界的情况，例如石墨烯[74]。为了更好地理解这一点，在图 4-6（a）中展示了界面热阻（热导的倒数）R 与晶界能（线张力）γ 的函数关系。为了进行比较，还给出了石墨烯晶界的先前结果。在石墨烯/h-BN 和石墨烯晶界中，发现 R 与 γ 大致呈线性关系，斜率几乎相同。然而，在石墨烯晶界中，γ 趋近于 0 时，R 趋近于 0，而石墨烯/h-BN 晶界中的 R 趋近一个有限值。这表明异质性和同质性晶界之间存在明显差异。与同质晶界相比，由于两种材料之间声子态密度（PDOS）的固有失配，如图 4-6（b）所示。异质晶界中存在抑制声子传输的额外机制，当 γ 趋近于 0 极限时，将导致一个有限的 R。

已经提到，平整度有助于增强石墨烯/h-BN 晶界中的声子传输（提高界面热

导）。这与图 4-6（b）所示的平面内和平面外模式中的不同 PDOS 有关。当晶界平整时，由于晶界两侧的平面内和平面外方向相同，因此晶界两侧的 PDOS 重叠会更大。当晶界为非平坦（波纹）时，晶界两侧的面内和面外方向不相同，并且两侧的 PDOS 重叠将减少，从而导致声子传输降低。

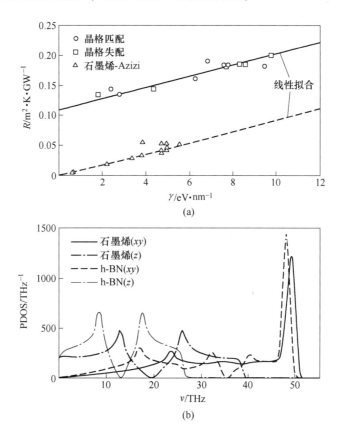

图 4-6 石墨烯/h-BN 异质晶界和石墨烯同质晶界的界面热阻 R 与线张力 γ 的关系（a）和声子态密度（PDOS）对平面内（xy 平面）及平面外（z 方向）声子模的频率 ν 的函数（b）

4.1.5 热整流效果

到目前为止，只考虑了从石墨烯到 h-BN 的热输运。如果改变热源和冷源区的位置，热量就会从 h-BN 流向石墨烯。如果上述两种情况的热导值不同，就可以说存在热整流效应[56,199]。为了定量研究热整流，定义如下热整流率：

$$\eta = \frac{G_{BN \to G}^{q} - G_{G \to BN}^{q}}{\min\{G_{G \to BN}^{q}, \ G_{BN \to G}^{q}\}} \times 100\% \qquad (4-10)$$

因此，η 为正数表示 h-BN 到石墨烯的热导高于相反方向。图 4-7 显示了所有晶界的热整流比。对于晶格失配的晶界，无论倾斜角度如何，热流从 h-BN 流向石墨烯时，热导一直都略高些；对于晶格匹配的晶界，除了 $2\theta = 42.1°$ 和 $2\theta = 46.8°$ 之外，也是这种情况。在这两种情况下，热整流率都小于 20%。这样的热整流率因太小，都无法适用于热二极管[200]的应用。

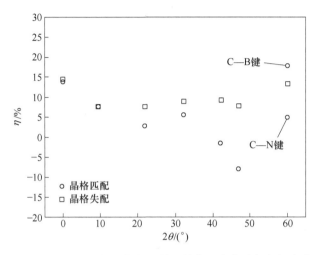

图 4-7　晶格匹配晶界与晶格失配晶界的热整流率随倾角的变化关系

综上所述，在这个工作中采用了一种多尺度建模方法，将 PFC 模型和 MD 模拟相结合，研究了石墨烯/h-BN 晶界介质的热输运性能。利用 PFC 模型，首先构建了一系列具有不同倾角的真实双晶样品。然后应用 NEMD 方法研究了这些晶界样品的热传输性能。特别地，考虑了晶格匹配和晶格失配的条件，发现晶格匹配或失配对界面热导影响并没有起主要作用。相反，倾斜角度对界面热导更敏感。此外，还发现在石墨烯/h-BN 晶界中存在着不可忽视但很小的热整流。这些结果将有助于石墨烯/h-BN 异质结构在纳米声子领域的应用。

4.2　石墨烯晶界超晶格相干热输运性能的研究

石墨烯是迄今为止最著名的二维材料之一，由于其非凡的电子、热学和力学性能，引起了人们的极大兴趣，同时也显示出广泛的潜在应用前景。超晶格是单元晶格交替周期性排列的结构，已被证明是控制电子和热性能的有效方法[96,201~204]。超晶格中周期性排列赋予其一种新的平动对称性，形成了一种新的超周期对称结构，影响了声子色散关系。在过去的几十年里，大量的理论和实验研究证明了超晶格中相干和非相干声子热输运机制的存在[63,94,205~207]。随着超晶格周期长度的逐渐减小，不是最短周期的超晶格的热导率最小，表明了声子输运由非相干向相干的过渡。有许多基于石墨烯超晶格的研究，如石墨烯/h-BN超晶格[61,95,98,204,208]，同位素修饰石墨烯超晶格[63,66]，锯齿形/扶手椅形石墨烯超晶格[24,97]等，都证明了其存在相干的热输运特性。这些都表明石墨烯是研究相干声子热输运的理想平台。在本工作中，使用晶体相场（PFC）模型[74,178,179]生成了一系列基于晶界的石墨烯超晶格，并利用经典 MD 模拟研究了这些超晶格的热传输特性。HNEMD 方法[186,209]是一种用于计算热导率非常高效的方法。我们系统地进行了热输运模拟，研究了超晶格样品的尺寸效应，从而获得了收敛的本征热导率。随着周期长度的增加，某些晶界超晶格的收敛热导率出现了一个最小值。在超晶格中，除了发现穿过晶界方向的相干和非相干声子输运现象，还注意到沿晶界方向的声子相干输运现象。另外，通过使用谱分解方法，将声子的平均自由程谱分解作为一种理解石墨烯超晶格中声子相干输运的方法[186]。研究结果揭示了扩散系统中真实的石墨烯超晶格的声子热传输特性。

4.2.1 晶体相场模型

利用多尺度 PFC 模型生成了一系列具有不同晶界类型、周期长度和周期数的石墨烯晶界超晶格结构。PFC 是用于模拟晶体物质的结构和能量的一组高效的经典密度泛函方法，可获得扩散时间尺度的微结构演化[110,179,181,182]。PFC 方法在 MD 模拟中产生大规模低应力样品的能力已被以前的工作证实。采用文献[74]的方法得到了一系列超晶格结构。简而言之，首先在一个周期的二维计算单元中初始化一系列完美的、对称倾斜的晶体。然后使用 PFC 模型对系统进行松弛，最后将充分松弛的结构转换为后续 MD 模拟的初始构型[179,182]。基于 PFC 模型生成的晶界结构及形成能是真实合理的[97]。

在不同晶界倾斜角度下，PFC 生成的晶界结构如图 4-8 所示。选择 8 个典型晶界配置研究，图 4-8（a）相应的倾斜角度分别为 6.64°、10.62°、19.65°、22.68°、30.95°、35.55°、41.62°、48.69°。这些晶界由重复的五环至七环对（5~7 对）组成，其中一些在 5~7 对之间被几个六环隔开。为了得到最小的周期单元格，首先在 x 方向上尝试一个更小的单元格长度。通过旋转晶粒，如果能完全填充单元晶胞，则会产生两条晶界的周期性稳定结构；否则，单元格长度将继续增加。图 4-8（a）显示了这 8 种晶界类型在输运方向（x 方向）的最小稳定结构。这些晶界中最小晶胞的周期长度不同，分别为 3.95nm、2.47nm、1.49nm、2.96nm、2.05nm、3.01nm、1.95nm 和 4.90nm。周期单胞的长度和数量对材料的热传递性能有显著影响[206]。因此，首先基于最小单胞生成了一系列周期长度成倍增长的单元晶胞结构。如图 4-8（b）所示，以一种类型周期长度不同的结构单元晶胞为例。然后，在此基础上，对每个周期长度的每种类型的单元晶胞，生成周期数成倍增长的晶胞结构。同样地，也给一个例子来描述生成的一系列周期数的晶胞结构，如图4-8（c）所示。在这种情况下，考虑石墨烯超晶格的大量的模拟样本，标记这些样品为SL-T_p-L-N，T_p为0~7标签，代表8种晶界类型；L为1，2，4，8，…，表示基于一种晶界类型的一系列周期长度的单元晶胞；N为1，2，4，8，…，表示一种单元晶胞的周期数，具体详见图4-8中的标签所示。

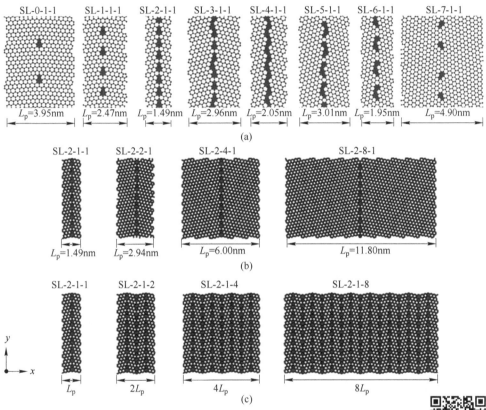

图4-8　不同倾斜角的晶界原子结构示意图（标记出了每种类型在 x 方向上的最小周期单元长度）（a），以 SL-2 为例，基于最小周期单元，周期长度成倍增加的结构示意图（b）和周期数成倍增加的结构示意图（c）

扫描二维码
查看彩图

4.2.2　模拟方法及细节

在所有的模拟中，在 x 和 y 方向应用周期边界条件。所有样本在沿着晶界方向（y 方向）上的宽度设置为20nm。与之前的石墨烯研究一样[14,18,74]，z 方向单层石墨烯的厚度设置为0.335nm。Tersoff 势函数形式[117]被用来描述原子间的相互作用。将 Lindsay 等人[81]的势参数用于描述这里的 C—C 相互作用。

在获得超晶格样品后，使用经典的 MD 模拟来研究热输运性质。主要使用了更高效的 HNEMD 方法，该方法首先由 Evans[48,209] 基于二体势而提出的，最近由樊等人推广到一般多体势[88,186,188]。同时，也使用基于 Green-Kubo 公式的 EMD 方法来验证检查一些结果。所有 MD 模拟使用 GPUMD 程序包[167,168] 执行。跑动热导率 $\kappa(t)$ 已经在以前的工作[88,186,188]中对 HNEMD 方法进行了具体推导。$\kappa(t)$ 被重新定义为以下运行平均值：

$$\kappa(t) = \frac{1}{t} \int_0^t \frac{\langle J(t') \rangle_{\mathrm{ne}}}{TVF_{\mathrm{e}}} \mathrm{d}t' \tag{4-11}$$

式中，$\langle J(t') \rangle_{\mathrm{ne}}$ 为一个方向上产生的热流 J 非平衡态的时间平均；T 为温度；V 为体积；F_{e} 为一个矢量参数，控制着外部驱动力的大小和方向。

为了检验 HNEMD 的结果，还在石墨烯超晶格中使用 EMD 模拟来验证它们。根据 Green-Kubo 关系[135,138,139]，跑动晶格热导率沿传输方向（x 方向）可表示为：

$$\kappa_{xx}(\tau) = \frac{1}{k_{\mathrm{B}} T^2 V} \int_0^\tau \langle J_x(0) J_x(\tau') \rangle \mathrm{d}\tau' \tag{4-12}$$

式中，k_{B} 为玻耳兹曼常数；$\langle J_x(0) J_x(\tau') \rangle$ 为 HCACF，它是在间隔 τ 时总热流各分量的函数平均。

在所有的模拟中，都使用了时间步长为 1fs 的 Velocity-Verlet 积分算法。首先，在 300K 和零压条件下，用 NPT 系综对系统进行了 2ns 的平衡，EMD 和 HNEMD 模拟都采用了相同的平衡过程。当系统达到平衡后，下一步就是进入数据产出过程。在 EMD 模拟中，在 NVE 系综采样 10ns 的热流，并使用 Green-Kubo 公式来计算热导率与关联时间的函数关系。在 HNEMD 模拟中，使用外部驱动力 F_{e} 来产生均匀的热流，同时在 NVT 系综中使用 10ns 的全局恒温器保持系统的整体温度在 300K 左右。选择一个足够小的 $F_{\mathrm{e}} = 1\mu\mathrm{m}^{-1}$ 来保证线性反应理论的有效性，这是 HNEMD 方法的理论基础。

4.2.3 HNEMD 方法的验证

MD 方法是研究热输运特性，特别是复杂系统热输运特性最有价值的模拟工具之一。NEMD 方法和 EMD 方法是 MD 模拟的两种主要方法。NEMD 方法简单易行，是目前研究超晶格中相干声子热输运的最常用方法。但它也存在一些缺点，如边界问题，原子的速度在恒温器中不断缩放引起的散射等。EMD 方法允许关注周期系统，以捕获超晶格中的相互作用机制。然而，使用这种方法计算热导率需要一个大的总体平均值，以确保准确的结果，必须考虑数十次不同的原子随机速度分布的轨迹。用 HNEMD 方法解决超晶格中周期系统的声子输运问题是很有意义的。

考虑有 200 个模拟样品，主要采用 HNEMD 方法来计算石墨烯超晶格的热导率。为了验证 HNEMD 结果，利用 EMD 方法也计算了一些超晶格样品的热导率。

事实上，这两种方法的等价性已经在前期工作中[88,186]对其他材料进行了验证。值得一提的是，HNEMD 和 EMD 方法都使用相同的边界条件和模拟样本。因此，可以直观地比较两种方法的结果。通常，当使用周期性边界条件时，两种方法都可以基于相对较小的单元样品计算出与尺寸无关的热导率。图 4-9（a）给出了用 HNEMD 方法进行 2 次独立模拟得到的标记为 SL-2-1-1 的石墨烯超晶格样品的热导率的运行平均值。收敛热导率为（26.0±1.9）W/(m·K)。图 4-9（b）显示了 SL-2-1-1 样品在 EMD 方法中 50 次独立模拟的跑动热导率。平均热导率为（26.4±1.8）W/(m·K)，与 HNEMD 计算结果非常一致。可以看出，只需少量的 HNEMD 模拟就可以达到比数十次 EMD 模拟更高的精度。为了进一步验证这两种方法的等价性，执行一系列周期数的超晶格样品（SL-2-1），如图 4-9（c）所示。结果表明用这两种方法计算的每个样品的热导率都符合得很好，它们随着周期数量的增加并逐渐收敛。由于 HNEMD 方法具有效率高、精度高、适用于周期边界系统等优点，在后面的大部分模拟计算中都采用了 HNEMD 方法。

4.2.4　相干和非相干声子输运

众所周知，声子也是具有波粒二象性的粒子，是自然界中除电子和光子之外的另一种重要的能量和信息载体。许多理论和实验研究表明，超晶格是研究声子输运的理想平台。由于在超晶格中存在声子相干（类波）和非相干（类粒子）两种输运机制，通过调节超晶格的周期长度和界面张力可以获得最小的热导率。周期长度和晶界类型是管理超晶格中声子输运的两个主要可调参数。

在石墨烯超晶格的收敛图 4-10（c）和（e）中，观察到这两种晶界类型最小周期单元长度（圆形标记所示）的热导率并不是最小的。具体来说，随超晶格周期单元长度的减小，出现了一个最小热导率。因此，可以确定随周期单元长度的减小在 SL-2 和 SL-4 超晶格中显示了声子从非相干到相干的传输过程。其他类型的晶界没观察到这种现象，收敛热导率随着周期单元长度的减小而减小。在所有的超晶格类型中，这两种类型的超晶格的最小周期单元长度相对较小。同时，它们的晶界相对均匀平整。关于石墨烯晶界的研究已经有很多的报道[18,25,74,210]，通常只研究声子在简单晶界处的散射对热传输的影响。我们系统研究了晶界类型对超晶格热传输的影响，重点研究了与倾斜角度相关的 8 种晶界类型，包括所有典型的石墨烯晶界。Azizi 等人[74]发现晶界的 Kapitza 热阻强烈地依赖于晶界的倾斜角。也采用 PFC 策略生成真实的随倾角变化的晶界超晶格样品。为了保持结构周期性与稳定性，每种晶界类型对最小单元晶胞的长度都有限制。因此，并没有在所有类型的晶界超晶格中都观察到声子相干输运现象。晶界

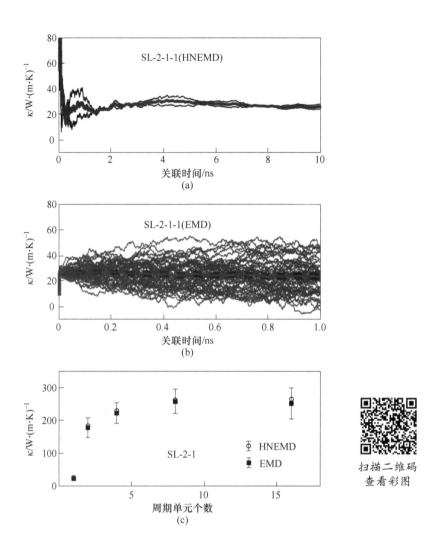

图 4-9 在 300K 时，HNEMD（a）和 EMD（b）得到的超晶格 SL-2-1-1 的热导率和
在 SL-2-1 超晶中，两种方法的热导率随周期单元个数的变化关系（c）

在超晶格的热输运过程中起着关键作用，即晶界的质量对声子在界面处的散射和
反射有重要影响。如果界面均匀平整，声子容易穿过晶界，增加了相干输运的可
能性。当界面粗糙且不连续时，声子容易发生散射，主要表现为声子的非相干输
运。结合图 4-8（a）的晶界类型和图 4-10 中超晶格的热导率，可见 SL-2 和 SL-4
两种类型的晶界相对连续而均匀；而 SL-3 和 SL-5 的晶界相对不均匀；SL-0 和
SL-1 的晶界相对不连续，SL-6 和 SL-7 的晶界既不连续也不均匀。此外，SL-2

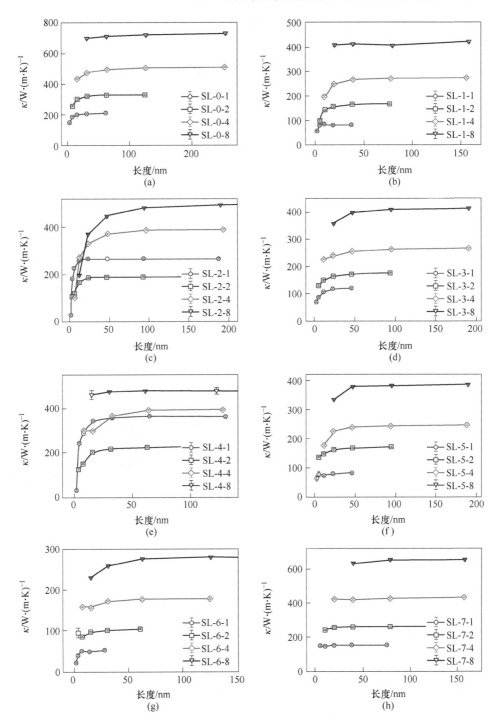

图 4-10 不同石墨烯超晶格中，热导率随样品总长度的变化关系

（a）SL-0；（b）SL-1；（c）SL-2；（d）SL-3；（e）SL-4；（f）SL-5；（g）SL-6；（h）SL-7

和 SL-4 的周期长度相对较短，满足相干声子输运的条件，因此在这两个超晶格中都可以观察到最小的热导率现象，表明存在声子相干输运。在每个子图中，四个形状标记代表了基于每一种晶界类型超晶格中最小单元周期长度成倍增长的四个周期长度样品。每个周期长度包含一系列周期数成倍增长的样品，为了清晰起见，它们的热导率数据点由线连接。

为了理解超晶格中声子输运的物理机制，进一步研究了随着周期长度的减小，出现最小热传导率的 SL-2 超晶格中声子的平均自由程谱。采用文献[186]中提出的谱分解方法计算声子的平均自由程 $\lambda(\omega)$。具体推导过程和技术细节请参考文献[14]、[91]、[186]、[192]、[211]。图 4-11 中显示了 SL-2 中四个周期长度的声子平均自由程的谱分解，$\lambda(\omega)$ 随声子频率 $\omega/2\pi$ 的变化关系，这是在扩散输运系统的 HNEMD 模拟中计算得到的。对于具有最小热导率值的 SL-2-2，其 $\lambda(\omega)$ 在大多数声子频率范围内显著小于其他周期长度。对于声子频率 $\omega/2\pi$ <1THz，SL-2-1 中的 $\lambda(\omega)$ 小于 SL-2-4 和 SL-2-8 中的 $\lambda(\omega)$。另外，对于声子频率 $\omega/2\pi$ >1THz，$\lambda(\omega)$ 在 SL-2-1 中波动较大，且在 SL-2-1、SL-2-4 和 SL-2-8 中，$\lambda(\omega)$ 的波动随着周期长度的增加而越来越弱。

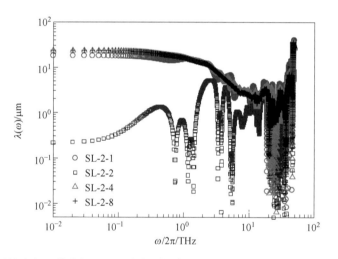

扫描二维码
查看彩图

图 4-11 声子平均自由程谱分解 $\lambda(\omega)$ 随声子频率 $\omega/2\pi$ 在 SL-2 中不同周期长度的变化关系，用 HNEMD 方法计算了扩散输运态下的声子平均自由程谱分解

同时也研究了温度对声子相干输运的影响。在有相干输运的石墨烯超晶格 SL-2 和 SL-4 中，计算了在 100K、300K 和 500K 温度下收敛的热导率随周期长度的变化情况，如图 4-12 所示。首先，可以清楚地发现，从 100~500K，每个周期长度的超晶格热导率都随着温度的升高而显著降低。随着温度的升高，声子-声子散射增加，声子平均自由程减小，热导率降低。此外，另一个明显的现象是最

小热导率随温度升高减少不明显。这是因为温度越高，声子-声子散射越强，从而抑制了声子相干输运。在声子非相干输运范围内，由于晶界处的 Kapitza 热阻[74,194,212]不受温度变化的影响，同一超晶格结构在低温时热导率受到的影响更明显。这也表明，声子相干输运现象在低温时更为显著。

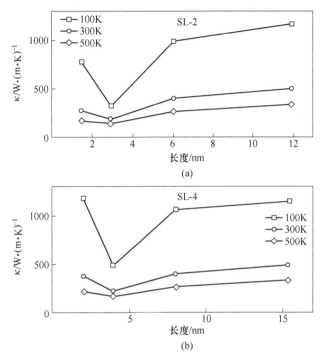

图 4-12　不同温度下 SL-2（a）和 SL-4（b）的收敛热导率随周期长度的变化关系

4.2.5　沿着晶界方向的声子相干输运

随着周期长度的减小，获得了石墨烯超晶格中晶界的最小热导率，这表明声子具有波粒二象性，这与之前的许多理论报道一致。然而，在超晶格中，沿界面方向的热导率随周期长度的变化现象很少报道。因为 EMD 方法可以同时得到各方向的热导率，因此还关注了在石墨烯超晶格中，热导率沿晶界方向的变化。采用 EMD 方法计算了 SL-2 和 SL-0 超晶格穿过晶界（x 方向）和沿晶界（y 方向）的热导率。模拟样品 SL-2 和 SL-0 的长度分别约 190.0nm 和 63.0nm，这一模拟长度两种超晶格热导率都已达到收敛。它们在 x 和 y 方向上的热导率与周期长度关系如图 4-13（a）和（b）所示。在 SL-2 中，可以看出随着周期长度的增加，x 方向和 y 方向都有一个最低热导率，如图 4-13（a）所示。此外，从相干过渡到非相干声子传输，比较相同样品两个方向的热导率，可以发现，x 方向和 y 方向热导率的优势发生了改变。如图 4-13（b）所示，在 SL-0 中，两个方向的热导率随周期长度的增加而增加，没有观察到相干输运现象。事实上，热导率在两个方向上的依赖关系并不难理解。在有相干输运的超晶格中，低频声子可以穿过晶界，平均自由程较长。从而抑制了声子与晶界之间以及声子与声子之间的散射，声子会向各个方向传播。因此热导率在 x、y 方向的总体趋势是一致的。在短周期超晶格中，相干声子有利于穿过晶界，因此 x 方向的热导率较高。在长周期超晶格中，晶界主要阻止穿过晶界的声子输运，因此 y 方向的热导率较高。虽然两个方向的热导率略有不同，但它们总体的变化趋势相同。因此，通过对超晶格热输运的管理和控制，实现对间接方向热性能的调控，这为热管理的设计和应用提供了一种新的思路。

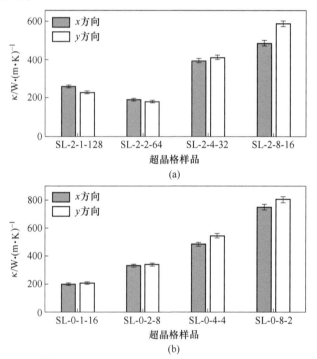

图 4-13 用 EMD 方法计算 SL-2（总长度约为 190.0nm）（a）和 SL-0（总长度约为 63.0nm）（b）在 x、y 方向上不同周期长度的热导率
所有结果都是来自 50 次独立运行的平均值

综上，采用高效的 HNEMD 方法和经典的 EMD 方法进行大规模 MD 模拟，系统地研究了石墨烯晶界超晶格中的声子热输运性能。在具有均匀光滑晶界且缺陷密度较高的 SL-2 和 SL-4 两种石墨烯超晶格中，随周期长度的减小，观察到由于声子从非相干输运过渡到相干输运而出现的最小热导率。还发现温度越高，声子-声子散射越强，从而抑制声子相干输运。此外，研究了超晶格中沿晶界方向

（y 方向）的热导率变化，发现穿过晶界方向（x 方向）和沿晶界方向（y 方向）的热导率变化趋势相同，也可以观察到相干输运现象。因此，可以通过调控超晶格排列方向来间接管理其热输运性能，为可控热管理材料的设计提供新的思路。

4.3　C_{60} 封装 CNTs 热输运性能的研究

SWCNTs[213,214]是一种中空结构，可以将各种分子包裹在其中。一个很好的例子是将 C_{60}[215] 插入到 SWCNTs 中，形成所谓的碳纳米豌豆结构（CNP）[103,104,109,216~222]，其中纳米管充当豆荚，封装的 C_{60} 分子充当豌豆。通过纳米豌豆结构的总能计算[217]表明 C_{60} 分子封装（10,10）SWCNT 的过程是放热的，这意味着得到的 C_{60} 封装的（10,10）CNP 是热稳定的。C_{60} 封装的 CNTs 已被证明具有很强的电子[103,219]和光学[218,222]调制特性。涉及的一个基本问题是封装分子对纳米管输运特性的影响。本项工作主要研究封装 C_{60} 的经典热输运问题[83,85,105~108,220,223]。这是一个不容忽视的问题，因为额外的 C_{60} 分子提供了额外的传导通道同时也增强了散射，它们对整体热导率的影响是对立的。与以往关于 SWCNTs 与外界材料接触时热传输的研究不同，此前的研究表明，与外界材料的相互作用总是会降低 SWCNTs 的热导率[68,82,224]。

实验上，Vavro 等人[220]测量了一种 C_{60} 填充的 CNTs 样品，发现比没有 C_{60} 封装的情况下约高 20% 的热导率。理论上，有很多通过经典 MD 模拟研究了单个 CNPs 的热输运特性[83,85,105,107,108,223]。所有的研究都表明，与相应的 SWCNTs 相比，单个 CNPs 的热导率有所提高。在这些工作中，采用了两种 MD 方法计算热导率，其中包括文献［85］、［223］中的 NEMD 方法和文献［83］、［107］、［108］、［223］中使用的 EMD 方法。相比之下，Kodama 等人[106]最近测量了直径为 5~30nm 的 CNPs 束的热导率，发现其比 SWCNTs 束的热导率小 35%~55%。

然而，最近的实验研究[106]考虑了 CNPs 束，而所有的 MD 模拟[83,85,105~108,223]都只考虑了单个 CNP。单个 CNP 和 CNPs 束在声子输运方面的主要区别在于，CNPs 束中一个 SWCNT 中的声子除了受到封装 C_{60} 分子作用外，还会受到其他 SWCNTs 的额外散射。除了这一细节外，C_{60} 分子对单个 SWCNT 的影响和对束内一个 SWCNT 的影响至少在定性上是相似的。因此，对单个 CNP 的 MD 模拟[83,85,105,107,108,223]的结论与对 CNPs 束[106]的实验结果相反，这仍然令人困惑。在实验工作[106]中进行的 NEMD 模拟确实支持实验结果，但有人认为，为了获得热导率的降低，必须显著增大用来描述碳层之间的 sp² 键合的分子间相互作用 Lennard-Jones 势的 σ 参数的标准（高达 0.55nm）。由于 Lennard-Jones 势中标准 σ 参数（约 0.344nm[225]）可以很好地重现层间结合能、层间间距和石墨烯层的 c 轴压缩性，为什么标准 σ 参数不能解释实验结果也令人困惑。

为了澄清这些问题，使用三种不同的 MD 方法研究了 C_{60} 封装的 (10,10) CNP 个体的热输运，包括上述的 EMD 和 NEMD 方法以及 HNEMD 方法[186]，所有这些方法都在一个高效开源 GPUMD 包中实现[167,168]。GPUMD 的高效率满足与实验情况[106]直接可比的长度尺度，这是以前的 MD 模拟无法企及的。适当地实施和执行 MD 模拟，三种方法给出了相同的结果：单个 CNP 的热导率小于相应的 SWCNT。重现并讨论了在之前研究[83,107,108,223]中使用 EMD 模拟的一种假象，它可以导致异常大的热导率。C_{60} 封装的 (10,10) CNP 的热导率随 C_{60} 分子填充率的增加而单调降低。此外，利用光谱分解方法[186]计算的 C_{60} 封装的 (10,10) CNP 中声学声子的平均自由程谱也明显小于 (10,10) SWCNT，这反映了 C_{60} 分子封装后对 (10,10) SWCNT 中声学声子的额外散射。我们的结果可以解释[106]实验结果且在 Lennard-Jones 势中不需要人为假设大的 σ 参数，并强调了模拟尺度的大小在确定声子输运物理中的重要性。

4.3.1   SWCNT 和纳米豌豆模型

图 4-14 简要地显示了本工作中研究的模型。图 4-14（a）和（b）分别显示了 (10,10) SWCNT 和 C_{60} 封装的 (10,10) CNP 的一个片段。这项工作的目标之一是确定这两种结构中哪一种具有更高的热导率。图 4-14（c）表示沿管方向的视图，其中显示了 C_{60} 分子的半径和外部 SWCNT 及其相对距离。图 4-14（d）表示垂直于管的视图，其中显示了单元晶胞的长度。图 4-14（b）所示的结构由 40 个单元晶胞组成，其长度约为 40nm。图 4-14（e）为 C_{60} 分子填充率为 100%~25% 时 CNPs 的结构。当提及 CNP 而不提及填充率时，就理解为 100% 的填充率。

在 EMD 和 HNEMD 模拟中，模拟晶胞长度选择约为 40nm，如图 4-14（a）和（b）所示，其中传输方向应用周期性边界条件。该模拟晶胞足够长，可以消除这些方法中的有限尺寸效应，计算出的热导率可以看作是无限长系统的本征热导率。相比之下，在 NEMD 模拟中考虑了传输方向上具有不同长度和非周期边界条件的系统，将在 4.3.4 中详细介绍。

SWCNT 和 CNP 的横截面积 S 的选择，在所有 MD 方法热导率计算中都需要，这并不是唯一选择。通常 SWCNT 选择 $2\pi Rh$，其中 R 为管半径，$h = 0.335$nm[154]。为了便于比较，CNP 的截面积通常也选用与 SWCNT 的相同[83,85,105~108,223]，忽略了 CNP 并非空心的事实，我们遵循了这些惯例。

4.3.2   MD 模拟细节

在 MD 模拟中，优化的 Tersoff 势[226]被用来描述 C—C 共价键，分子间的范德华相互作用由 Lennard-Jones 势描述，参数 $\varepsilon = 2.62$ meV，$\sigma = 0.344$nm[225]。由于根据优化后的 Tersoff 势[226]计算出的石墨烯平均键长约为 1.44Å，而不是正

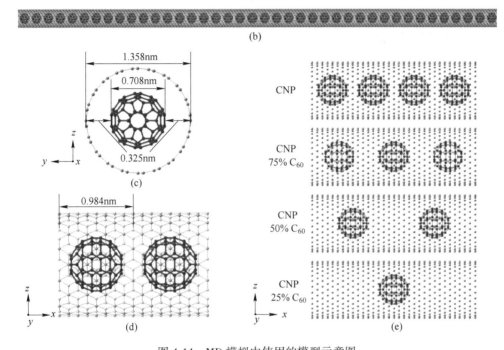

图 4-14 MD 模拟中使用的模型示意图

（a）40nm 长的（10,10）SWCNT；（b）40nm 长的封装 C$_{60}$ 的 CNP；（c）沿管方向的视图，
显示了 C$_{60}$ 分子在纳米管中相对位置；（d）垂直管方向的视图，显示 C$_{60}$ 封装 SWCNT 单元周期结构；
（e）不同填充率的 CNPs 结构

确的 1.42Å，因此对该势中的两个相关长度参数进行了等量的调整，以修正键长，而不影响该势对单层石墨烯预测的任何其他物理性质。这里使用 GPUMD 程序包[167,168]进行广泛的 MD 模拟，且上述两种势已经在 GPUMD 中实现。在所有 MD 模拟中，均采用时间步长为 1fs 的 Velocity-Verlet 积分算法[227]。在本部分工作中使用的所有三种 MD 方法中，都使用了相同的平衡过程：系统首先在 10K 和零压下平衡 1ns，然后在另一个 1ns 时间加热到 300K，然后在 300K 和零压下进行 NPT 平衡 1ns，之后在 300K 和零压下进行 NVT 再平衡 1ns。也就是说，我们只研究了 SWCNT 和 CNP 在 300K 和零压下的热输运性能，这是符合正常的实验情况[106]。将在后面介绍不同 MD 方法的产出与计算过程。

我们计算的热导率不包括电子（空穴）的贡献，它比声子的热导率要小得多。SWCNT 和 CNP[106]的电导率都在 10^5 S/m 左右。根据 Wiedemann-Franz 定律，这相当于 $1W/(m \cdot K)$ 量级的电子贡献的热导率，相对于它们的晶格热导率占比很小，通常比计算误差小很多。因此，本研究可以忽略电子对热导率的贡献。

4.3.3 NEMD 模拟结果

首先用 NEMD 方法计算了 SWCNT 和 CNP 的热导率。对于这两种结构，考虑六个不同长度的样本。对于 CNP，每个样本平均分为 44 组，每组含有 1、2、4、8、16 和 32 个单元晶胞（CNP 中单元细胞的定义见图 4-14 (d)）。去除 CNP 样品中的 C_{60} 分子，得到对应的 SWCNT 样品。在每个样品中，第 1 组和第 44 组的原子被固定，用来模拟绝热壁防止热流反向流动。对温度较高的第 2 组原子施加一个局域朗之万温控器，温度为 310K；对温度较低的第 43 组原子施加另一个局域朗之万温控器，温度为 290K。即 2 组和 43 组分别作为热源和冷源。样品 L 的长度定义为中间 40 组的长度，6 个样品的长度约在 $40 \sim 1280$nm 范围。

经过前面 4.3.3 所述的平衡过程之后，关闭全局恒温器，并使用局部朗之万恒温器运行 20ns。所有样品在前 10ns 内都能很好地达到稳态，因此用后 10ns 对施加的温差（$\Delta T = 20K$）产生的热流密度 Q/S 进行采样，其中 Q 为恒温器与恒温区域原子之间的能量交换率，S 为横截面积。然后计算长度为 L 的样品的热导率[134]。

$$\kappa(L) = \frac{Q/S}{\Delta T/L} \tag{4-13}$$

计算得到的 SWCNT 和 CNP 样品的热导率值如图 4-15 所示。所有计算得到的热导率值也列在表 4-1 中。Sääskilahti 等人[192] 的 NEMD 结果也显示在图 4-15 中以供比较。在图中显示了来自 2 次独立的运行的误差棒，但它们比标记尺寸还要小，反映了较高的统计准确性。SWCNT 的热导率结果与 Sääskilahti 等人[192] 的结果符合得非常好。另一个重要的观察结果是 CNP 的热导率低于相同长度的 SWCNT，并且随着长度的增加，二者的差值增大。对于长度为 1280nm 的系统，CNP 的热导率比 SWCNT 低约 20%，预计对于无限长的系统，其降低量将更大，将在后面的 EMD 和 HNEMD 的结果中证实。此外，也考虑了不同的温度和管径的影响。如图 4-16 所示，对于 300K、400K 和 500K 三种温度的 (10,10) 和 (11,11) 两种 SWCNTs 得出的结论是相同的。之前的 NEMD 模拟[85,105] 表明 CNP 的热导率更高，但考虑的系统长度约为 20nm[85] 或最大模拟长度仅约 80nm[105]，因此，得出的结论不能保证对更长的系统有效。

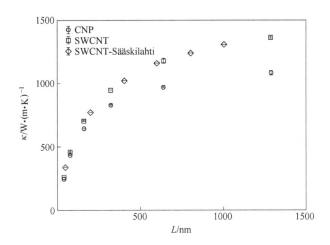

图 4-15 在 300K 零压下，SWCNT 和 CNP 的热导率与模拟体系长度函数关系

结果来自 NEMD 模拟

表 4-1 应用 NEMD、EMD、HNEMD 三种方法
计算得到的 CNP 和 SWCNT 热导率 κ

方法	L /nm	M	κ（CNP）/W · (m · K)$^{-1}$	κ（SWCNT）/W · (m · K)$^{-1}$
NEMD	40	2	249±1	257±1
	80	2	434±2	461±2
	160	2	643±2	705±6
	320	2	828±4	944±1
	640	2	967±6	1170±20
	1280	2	1080±10	1358±6
EMD	40	50	1600±100	
HNEMD	40	10	1540±30	2130±40

注：L 为模拟系统的长度；M 为独立模拟次数。

4.3.4 EMD 模拟结果

EMD 方法采用 Green-Kubo 关系[138,139]计算输运方向（取 x 方向）的热导率 κ 与关联时间 τ 的函数关系：

$$\kappa(\tau) = \frac{1}{k_B T^2 V} \int_0^\tau \langle J_x(0) J_x(\tau') \rangle \mathrm{d}\tau' \tag{4-14}$$

式中，k_B 为玻耳兹曼常数；T 为温度；V 为体积；$\langle J_x(0) J_x(\tau') \rangle$ 为 HCACF。参考文献[157]详细推导了多体势的热流，可以表示为

$$\boldsymbol{J} = \sum_i \boldsymbol{v}_i E_i + \sum_i \sum_{j \neq i} \boldsymbol{r}_{ij} \frac{\partial U_j}{\partial \boldsymbol{r}_{ji}} \cdot \boldsymbol{v}_i \equiv \boldsymbol{J}^{\mathrm{con}} + \boldsymbol{J}^{\mathrm{pot}} \tag{4-15}$$

式中，U_j 为粒子 j 的势能；E_i 为粒子 i 的总能量；$\boldsymbol{v}_i$ 为粒子 i 的速度；$\boldsymbol{r}_{ji} \equiv \boldsymbol{r}_i - \boldsymbol{r}_j$，$\boldsymbol{r}_i$ 为粒子 i 的位置。式（4-15）中第一项是对流项，第二项是势能项。

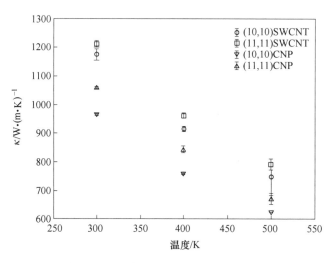

图 4-16 在不同温度下，两种管径的 SWCNTs 与对应的 CNPs 的热导率比较

来自 NEMD 方法，模拟长度约为 640nm

同样使用 4.3.3 所述的方法达到平衡后，对 NVE 系综的热流采样 10ns，并使用 Green-Kubo 公式计算作为关联时间函数的热导率。图 4-17 显示了在 300K 和零压下 C_{60} 封装的（10,10）CNP 的结果。可以清楚地看到，热导率的平均值（来自 50 次独立运行）在 0.6ns 和 1ns 之间收敛得很好，因此在这个时间区间计算了 CNP 的热导率为 $\kappa \approx (1600\pm100)W/(m \cdot K)$。之前的研究使用类似的 EMD 模拟和相同的 GPUMD 程序，计算过（10,10）SWCNT 的热导率为 $\kappa \approx (2200\pm 100)W/(m \cdot K)$[186]。因此，在无限长度的极限下，EMD 模拟预测的封装 C_{60} 的（10,10）SWCNT 的热导率降低了约 30%。这与最长样本的 NEMD 结果一致。将 NEMD 结果外推到无限长，可以使 EMD 和 NEMD 结果在定量上一致，因为两种方法是等价的[135]。相比之下，所有之前的 EMD 模拟[83,107,108,223]都预测了封装 C_{60} 的（10,10）SWCNT 的热导率显著提高。

为了理解差异的来源，认真检查了模拟中的差异。第一个区别来自共价 C—C 键的经验势。Kawamura 等人[83]使用了第一代 Brennerr 势函数[228]，Cui 等人[107,108]和 Li 等人[223]使用了第二代 Brenner 势函数（也称为 REBO 势函数)[229]，而我们使用了优化的 Tersoff 势函数[81]。从文献结果[81]、[157]可知，优化的 Tersoff 势为 SWCNTs 提供了比两代 Brenner 势更高的热导率。第二个差异来自以前的一些工作[107,108,223]使用了 LAMMPS 程序包[195]，它对多体势的热流有一个不正确的实现[157,196~198]。这种不正确的热流会导致由多体势[157]所描述的低维材料热导率被低估。上述两个差异可以解释为什么 Cui 等[107,108]和 Li 等[223]获得的（10,10）SWCNT 的热导率比我们结果低得多。然而，这些差异可

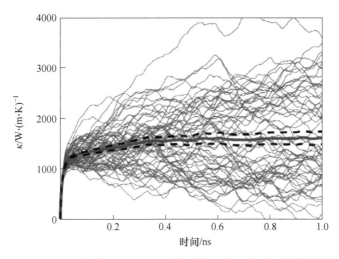

图 4-17 在 300K 和零压下，CNP 的跑动热导率与关联时间的函数关系
细实线表示 50 次独立运行的结果；粗实线和粗虚线表示 50 次独立运行的平均和误差边界

能不是 C$_{60}$分子对（10,10）SWCNT 热导率影响产生分歧的原因，因为它们应该以类似的方式影响 SWCNT 和 CNP 的热导率。

我们注意到，之前所有使用 EMD 方法的工作[83,107,108,223]都将 C$_{60}$封装后的热导率增强归因于大量的传质贡献或说热流中对流项的贡献。为了说明这种可能性，在图 4-18 中绘制了仅由对流热流贡献的热导率分量

$$\kappa^{con}(t) = \frac{1}{k_B T^2 V} \int_0^t \langle J_x^{con}(0) J_x^{con}(t') \rangle dt' \qquad (4\text{-}16)$$

以及对流项和势能项在热流之间的交叉

$$\kappa^{cro}(t) = \frac{1}{k_B T^2 V} \int_0^t \langle J_x^{con}(0) J_x^{pot}(t') \rangle dt' \qquad (4\text{-}17)$$

这两个分量计算分别为 $\kappa^{con} \approx (0.1\pm1.3) W/(m \cdot K)$ 和 $\kappa^{cro} \approx (0.1\pm1.2) W/(m \cdot K)$，可以认为基本为零。也就是说，我们的 EMD 结果表明，C$_{60}$封装的（10,10）CNP 中几乎没有对流热输运，这是稳定固体中的热输运的预期结果。这与 C$_{60}$封装的（10,10）CNP 是一种热稳定的类固体结构[217]是一致的。在下面 4.3.6 中，将说明在以前的 EMD 模拟中观察到的强对流热传输来自一个模拟假象。在展示这一点之前，首先讨论 4.3.5 中使用 HNEMD 方法获得的结果。

4.3.5 HNEMD 模拟结果

第三种计算热导率的 MD 方法是由 Evans 等人[48,209]首先提出的关于二体势

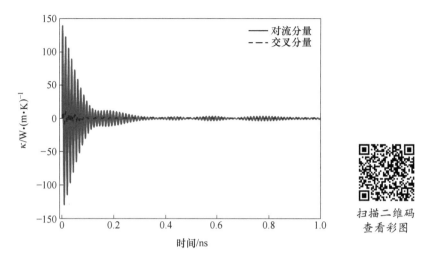

图 4-18 在 300K 和零压下，C_{60} 封装的 （10,10） CNP 跑动热导率的对流和
交叉分量与关联时间的函数关系 （结果来自超过 50 次独立模拟的平均）

的 HNEMD 方法。最近，该方法被推广到一般的多体势[186]。这种方法中，在平衡之后 （见 4.3.3），一个外部驱动力

$$F_i^{\text{ext}} = E_i F_e + \sum_{j \neq i} \left(\frac{\partial U_j}{\partial r_{ji}} \otimes r_{ij} \right) \cdot F_e \tag{4-18}$$

应用于每个原子 i，将 "较热" 的原子推向热传输方向，并将 "较冷" 的原子拉向相反的方向，同时使用全局恒温器 （如 Nosé-Hoover 恒温器[113,115]） 保持系统的整体温度在目标周围。当驱动力参数 （大小用长度的倒数表示）F_e 沿 x 方向 （管的方向），将产生非零热流 $J_x(t)$，其稳态非平衡集合平均 $\langle J_x(t) \rangle_{\text{ne}}$ 与驱动力参数 F_e 的大小成正比，比例系数本质上为热导率：

$$\kappa = \frac{\langle J_x \rangle}{TVF_e} = \frac{\langle J_x^{\text{pot}} \rangle + \langle J_x^{\text{con}} \rangle}{TVF_e} \equiv \kappa^{\text{pot}} + \kappa^{\text{con}} \tag{4-19}$$

需要注意的是，HNEMD 方法计算的热导率可以根据热流分解[186]自然地分解成势能部分和对流部分，它在物理上等价于 Green-Kubo 形式[230]中的分解。在 HNEMD 模拟中，选择了一个足够小的 $F_e = 0.05 \mu\text{m}^{-1}$ 的值，以保证线性响应理论的有效性，这是 HNEMD 方法的理论基础。HNEMD 方法的模拟晶胞与 EMD 方法[186]相同。

通常的做法是在产出阶段检验累积平均热导率与关联时间的函数关系[88,186,188,231,232]。C_{60} 封装的 （10,10） CNP 和 （10,10） SWCNT 的结果分别如图 4-19 （a） 和 （b） 所示。C_{60} 封装的 （10,10） CNP 的平均 （10 次独立测试） 热导率收敛到 $\kappa \approx (1540\pm30)\,\text{W}/(\text{m·K})$，（10,10） SWCNT 的平均热导率收敛

扫描二维码
查看彩图

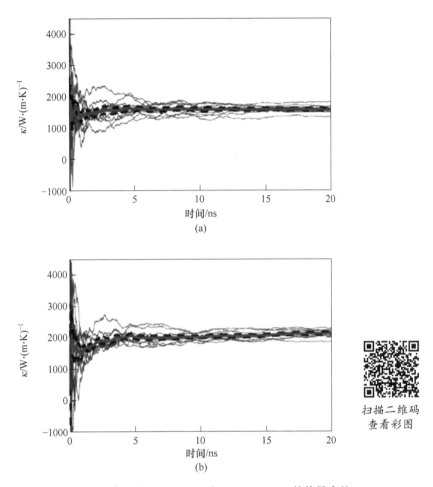

图 4-19　在300K 和零压下，CNP（a）和 SWCNT（b）的热导率的
累积平均值与关联时间的函数关系

细实线表示 10 次独立运行；粗实线和粗虚线表示独立运行的平均和误差边界

到 $\kappa \approx (2130\pm40)\,\mathrm{W}/(\mathrm{m}\cdot\mathrm{K})$。$C_{60}$封装的$(10,10)$ CNP 的热导率比 $(10,10)$
SWCNT 小约 30%，这与 EMD 结果一致。热流中对流部分的热导率 $\kappa^{\mathrm{con}} \approx$
$(0.3\pm5.7)\,\mathrm{W}/(\mathrm{m}\cdot\mathrm{K})$，与 EMD 模拟基本一致，都约为零。注意，HNEMD 模拟
的总生产时间比 EMD 模拟短，统计误差较小，说明 HNEMD 方法比 EMD 方法效
率更高[88,186,188]。

4.3.6　EMD 模拟中的一种假象

上述 NEMD、EMD 和 HNEMD 的结果都证实了 C_{60}封装降低而不是增加 $(10,10)$

CNP 的热导率，这与 EMD 之前的结果[83,107,108,223]结论相反。所有这些工作都将热导率的增强归因于大的对流项，而我们的 EMD 和 HNEMD 结果表明 C_{60} 封装的 (10,10) CNP 中对流热输运很少。下面，展示了这种差异很可能是由于之前工作中的模拟假象造成的。

根据实验观察[106]和理论预测[217]，C_{60} 封装的 (10,10) CNP 结构是热稳定的。也就是说，封装的 C_{60} 分子只在其平衡位置附近振荡，而不会在 (10,10) SWCNT 中移动。然而，我们发现，如果在 MD 模拟过程中动态更新近邻列表，C_{60} 分子确实会在 (10,10) SWCNT 中穿梭。从图 4-20 可以看出，在这种情况下，使用 EMD 方法计算出的热导率确实比 (10,10) SWCNT 中要大得多。由于 C_{60} 分子和 (10,10) SWCNT 之间存在相对平移，对流（传质）对热导率有异常贡献，这在之前的几个 EMD 模拟中也观察到了[83,107,108,223]。

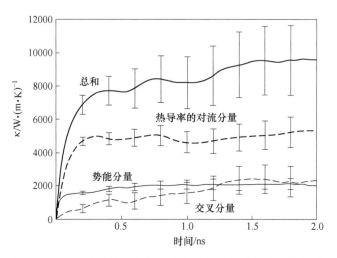

图 4-20 CNP 跑动热导率各部分分量与关联时间的函数关系
来自 300K 和零压下的 EMD 模拟，同时动态更新近邻列表

MD 模拟过程中 C_{60} 分子在管内发生平移的原因是由于模拟层间相互作用的 Lennard-Jones 势不能恰当地描述层间的摩擦：它低估了与两个碳层之间 sp^2 杂化相对平移相关的能垒[233]。一种更精确的经验势[233]已经被开发出来，但它是双层石墨烯特有的，不能直接应用于 C_{60} 封装的 (10,10) CNP 结构。幸运的是，有一个简单的技巧来抑制 C_{60} 分子和纳米管之间的相对平移，即在 MD 模拟期间使用静态近邻列表。这将为两个碳层之间的相对平移创造一个有效的能量屏障，防止 C_{60} 分子在管内流动。在前几部分中介绍的 NEMD、EMD 和 HNEMD 结果是使用静态近邻列表获得的，没有观察到相对的平移。

使用静态近邻列表不会引入热导率计算的不准确性。作为演示，使用动态近

邻列表对 C_{60} 封装的 （10,10） CNP 重复了 NEMD 模拟。因为在 NEMD 模拟设置的两端有固定的原子组团，所以无论是使用静态还是动态近邻列表，C_{60} 分子和纳米管之间都没有相对的平移。从图 4-21 可以看出，两种情况下计算的热导率没有明显的差异。我们注意到，虽然 Lennard-Jones 势不能恰当地描述平行于层的相互作用，但它能相当好地解释垂直于层的相互作用。利用优化后的 Tersoff 势和层间 Lennard-Jones 势[79]，证明了从单层石墨到块体石墨的热导率呈下降趋势。有人认为，为了获得 C_{60} 封装 （10,10） SWCNT 后热导率的降低，必须在 Lennard-Jones 势中假设一个非常大的 σ 参数（高达 0.55nm）[106]。然而，我们的结果表明，标准 DFT 计算得出的 σ =0.344nm[225] 可以解释热导率的降低，如果考虑与实验中测量的系统长度[73]（1 微米量级）相比较，而不是较短的（20nm[85]，40nm[73] 或 80nm[105]），这样的长度在 （10,10） SWCNT 中声子传输基本上是弹道的，对 C_{60} 分子的额外散射不敏感。长度尺度在确定声子输运物理过程中的重要性将在下一部分进一步探讨。

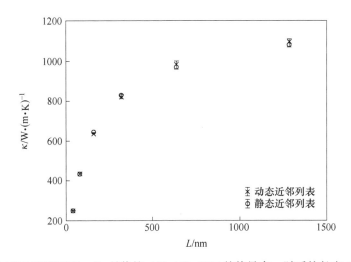

图 4-21　在 300K 和零压下，C_{60} 封装的 （10,10） CNP 的热导率 κ 随系统长度 L 的变化关系

4.3.7　热导率降低的物理机制

在证实 C_{60} 封装降低而不是提高 （10,10） SWCNT 的热导率后，接下来探究其潜在的物理机制。在 C_{60} 封装的 （10,10） CNP 结构中，C_{60} 分子对热传递有两种相反的影响。一方面，分子通过填充管的内部空间引入更多的传导通道，可能会提高整体热导率。另一方面，SWCNT 中的声子会受到 C_{60} 分子的增强散射，从而降低 SWCNT 的热导率。问题是这两种影响哪一种更强。

为了确定 C_{60} 分子对整体热导率的贡献，使用 HNEMD 方法，并应用总热流的空间分解。与式（4-19）相似，将 C_{60} 封装的（10,10）CNP 中的总热流分解为势能部分和对流部分，可以将总热流分解为 SWCNT 部分 $\langle J_x^{SWCNT} \rangle_{ne}$ 和 C_{60} 分子部分 $\langle J_x^{C_{60}} \rangle_{ne}$，因此，$C_{60}$ 封装的（10,10）CNP 的总热导率可以相应分解为：

$$\kappa = \kappa^{SWCNT} + \kappa^{C_{60}} = \frac{\langle J_x^{SWCNT} \rangle_{ne} + \langle J_x^{C_{60}} \rangle_{ne}}{TVF_e} \qquad (4-20)$$

为了更完整论述，这里还考虑了 HNEMD 计算中 C_{60} 分子的不同填充率。

从图 4-22（b）可以看出，对于所有填充率，C_{60} 分子对热导率的贡献可以忽略不计。这可以从 C_{60} 分子的热传递是由分子间的范德华相互作用决定的这一事实中理解，比 SWCNT 中的共价相互作用弱几个数量级。因此，C_{60} 分子提供的额外传导通道由于分子间力较弱，并不会导致热传递能力的显著增强。从图 4-22（a）中，还可以看到 SWCNT 对 C_{60} 封装的（10,10）CNP 的热导率的贡献随着 C_{60}

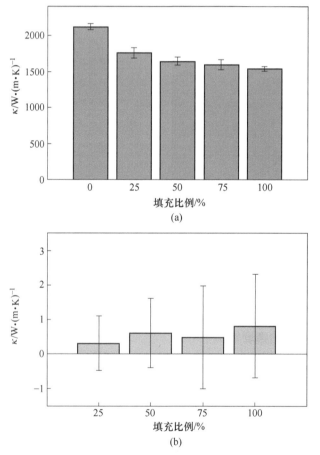

图 4-22　纳米管 SWCNT（a）和 C_{60} 分子（b）在不同填充比例 CNP 中对热导率的贡献

分子填充率的增加而下降（并且下降的速度与石墨烯随功能化程度[78]的增加而热导率下降的趋势相似），反映了 C$_{60}$分子越多，声子在 SWCNT 中散射越强的事实。

为了使分析更加定量，进一步研究了（10,10）SWCNT 和 C$_{60}$封装的（10,10）CNP 中的声子平均自由程，采用文献［186］中发展的谱分解方法。在这种方法中，首先计算弹道模式下的谱热导 $G(\omega)$（使用 NEMD 方法）和扩散模式下的谱热导 $\kappa(\omega)$（使用 HNEMD 方法），然后计算声子平均自由程谱 $\lambda(\omega) = \kappa(\omega)/G(\omega)$。$G(\omega)$ 和 $\kappa(\omega)$ 的计算涉及非平衡稳态下的 Force-Velocity 关联函数：

$$K(t) = \sum_i \sum_{j \neq i} \left\langle \chi_{ij}(0) \cdot \frac{\partial U_j}{\partial r_{ji}}(0) \cdot \boldsymbol{v}_i(t) \right\rangle_{ne} \tag{4-21}$$

这可以在 NEMD 和 HNEMD 模拟中计算，$G(\omega)$ 和 $\kappa(\omega)$ 可以从 $K(t)$ 的傅里叶变换 $\widetilde{K}(\omega)$ 计算：

$$G(\omega) = \frac{2\widetilde{K}(\omega)}{V\Delta T} \tag{4-22}$$

$$\kappa(\omega) = \frac{2\widetilde{K}(\omega)}{TVF} \tag{4-23}$$

更多的技术细节，可以参考相关文献[14]、[186]、[192]。

图 4-23（a）显示了扩散状态下 HNEMD 模拟计算的（10,10）SWCNT 和 C$_{60}$封装的（10,10）CNP 的 Force-Velocity 关联函数 $K(t)$。对应的声子平均自由程 $\lambda(\omega)$ 如图 4-23（b）所示。对于声子频率 $\omega/2\pi < 1$THz 或 $\omega/2\pi \approx 10$THz，C$_{60}$封装的（10,10）CNP 中的 $\lambda(\omega)$ 明显小于（10,10）SWCNT 中的 $\lambda(\omega)$。在我们的 NEMD 模拟中，在 $\omega/2\pi \approx 10$THz 处减少的 $\lambda(\omega)$ 可以解释热导率的减少（约 20%），其中系统长度为 1 微量级，与这些频率下的 $\lambda(\omega)$ 值相当。正如在 EMD 和 HNEMD 模拟中所观察到的，减小的 $\lambda(\omega)$ 对应的 $\omega/2\pi < 1$THz 会导致更大的热导率降低（约 30%），其中"系统长度"应该被认为是无限的。重要的是，当系统长度小于 0.1μm（这是弹道极限）时，两种结构中的 $\lambda(\omega)$ 是比较相当的，就不能观察到（10,10）SWCNT 在 C$_{60}$封装后的热导率减小。

总之，我们采用了三种不同版本的 MD 模拟方法，证明了 C$_{60}$封装可以显著降低（10,10）SWCNT 的热导率。在基于 Green-Kubo 公式的模拟中发现了一个假象，这导致了之前对封装 C$_{60}$ 的 CNP 的热导率严重高估。利用空间和频率谱分解方法，我们发现封装的 C$_{60}$分子传导热量很小，但会对外层（10,10）SWCNT 引起额外的声子散射，这降低了声子的平均自由程和纳米管的热导率。

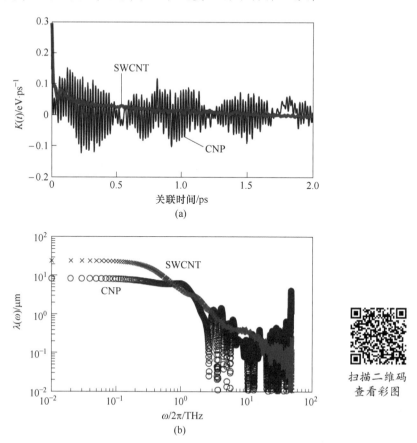

图 4-23　Force-Velocity 关联函数 $K(t)$ 与关联时间 t 的函数关系（a）和
在扩散输运状态下，声子平均自由程谱 $\lambda(\omega)$ 与声子频率 $\omega/2\pi$ 的函数关系（b）

扫描二维码
查看彩图

4.4　本 章 小 结

在本章，结合多种计算热导率的 MD 模拟方法，充分发挥各种模拟方法的优势特点，深入研究了石墨烯/h-BN 界面、石墨烯晶界超晶格及 C_{60} 封装的 SWCNT 三种复杂结构的热输运性能。研究结果表明：

（1）对于石墨烯/h-BN 界面，考虑了晶格匹配和晶格失配条件下不同倾角的界面，使用 NEMD 方法并结合 NEMD 背景下的谱分解方法获得了随倾角变化的界面热导和界面热阻，同时对经典谱热导进行了量子修正。发现晶格匹配条件下的界面应力分布与晶格失配条件下的界面缺陷分布对界面热导的影响相当，没有明显规律，都不起主要作用。反而，倾斜角度对界面热导的影响更敏感。同时，也讨论了石墨烯/h-BN 异质性界面和石墨烯同质性界面之间，由于两种材料之间声子态密度的固有失配，在异质晶界中存在抑制声子传输的额外机制。此外，也考虑了石墨烯/h-BN 界面的热整流现象，发现晶格匹配和晶格失配条件下的晶界热整流率都小于 20%，无法适用于热二极管的应用。

（2）对于石墨烯晶界超晶格，采用高效的 HNEMD 方法系统地研究了一系列倾角的晶界石墨烯超晶格的热输运性能。由于周期边界及对称性限制了一些 PFC 模型的倾角晶界超晶格最小周期长度，因此，只在一些缺陷密度较高且周期长度较小的样品中观察到了随周期长度的减小，声子从非相干输运过渡到相干输运而出现一个最小热导率。此外，由于晶界的散射，在超晶格周期性边界条件下也存在类弹道扩散输运的尺寸效应。且发现这种现象也会受到声子相干输运的影响热导率在弹道区间会迅速增加。同时，还发现由于声子的相干作用在超晶格中沿晶界方向（y 方向）热导率也存在最小值。因此，可以考虑通过超晶格实现传热方向上的间接操控设计，这为可控热管理材料的设计提供了新的思路。

（3）对于 C_{60} 封装的 SWCNT，使用 EMD、NEMD 和 HNEMD 三种不同的 MD 方法深入研究了 C_{60} 封装（10,10）SWCNT 对其热输运的影响。三种方法一致的预测出 C_{60} 封装后（10,10）SWCNT 热导率会减少 20%~30%，这一结果与碳纳米束的实验结果[106]一致。重现了之前理论计算 C_{60} 封装（10,10）SWCNT 热导率增加的假象，并给出了合理的解释。由于描述层间相互作用的 Lennard-Jones 势不能恰当地描述层间的摩擦，C_{60} 分子在管内发生平移而导致的热导率增加。研究表明 C_{60} 与外部纳米管相比传热贡献非常小。此外，C_{60} 还会引入额外的声子散射来降低 SWCNT 的声子平均自由程，从而导致热导率降低。还发现随着 C_{60} 填充率的增加，SWCNT 的热导率单调减少。

总之，本章重点对于几种代表性的碳基低维纳米材料的复杂结构进行了全面系统地研究。充分体现了 MD 模拟方法对于研究复杂结构体系是极为方便有效的。也表明碳基低维纳米材料具有优异的热输运性能，是热输运理论研究和热管理设计理想的平台。碳基低维纳米材料凭借其各种优异特性吸引了研究人员大量的研究工作，因此，也开发出了一些比较可靠的经验势函数用于相关 MD 模拟研究。而对于一些新发现的新型低维纳米材料，由于势函数的匮乏，而导致分子动力模拟研究工作滞后，严重阻碍了相关工作的开展。MLPs 的出现突破了这一限制，使 MD 模拟应用到更多研究领域，极大地促进各领域的蓬勃发展。因此，在第 5 章，也将探索从 MLPs 训练到利用其研究相关热输运性能。

5 基于机器学习势研究二维 C—N 材料的热输运性能

本章围绕热输运性能的 MD 模拟，对于描述原子间相互作用的势函数开展了具体的研究工作。探索应用机器学习 NEP 势深入研究二维 C—N 材料的热输运性能。建立一套针对声子输运性质的 MLPs 训练及模拟方案，解决传统经验势可靠性差，势函数匮乏等 MD 模拟卡脖子问题。

石墨烯氮化工程为实现其半导体价值及其在电子器件领域的应用提供了新的设计思路。原始石墨烯的零禁带限制了其实际应用。石墨烯氮化可用于设计带隙可调的二维氮化碳材料。近年来，通过理论模拟和实验研究，设计合成了多种二维碳氮结构，如 C_3N、C_2N、C_4N_3、C_2N_3、C_5N、C_3N_4、C_7N_6、$C_{12}N$ 等[234~242]。这些新型碳氮材料在光电子、光催化和纳米电子等多个领域都是很有前途的候选半导体材料。

热导率是半导体材料最重要的性能指标之一，对半导体电子器件的性能和可靠性起着重要的作用。半导体材料的热导率主要是由声子贡献的晶格热导率。由于在微纳米尺度下热导率的实验测量困难，以及一些在实验中尚未合成的新型纳米结构的理论设计，理论模拟是研究其热输运性能的最合适方法。一方面，在各种材料样品的实验合成过程中，不可避免地会引入缺陷、杂质、晶界、位错等，影响样品的性能；另一方面，为了实现对材料性能的有效管理和控制，需要设计更复杂的纳米结构。对这些复杂结构进行大规模的理论模拟是非常具有挑战性和实用性的工作。MD 是研究纳米复杂结构热输运特性的重要模拟方法。然而，经典的原子间势函数缺乏和可靠性约束严重限制了 MD 模拟的实施。幸运的是，MLPs 的出现，可以解决以往经验势的匮乏和准确性的问题，并已被证明达到了可与量子力学方法相媲美的准确性。目前，已有许多 ML 模型被用于构建 MLPs，如线性回归、高斯回归和人工神经网络。ML 模型都有大量的拟合参数，这些参数需要在量子力学数据上训练模型来确定。已经开发了许多 MLPs 程序包，如 Quip-GAP[243~245]，DeepMD-kit[130,246]，MLIP[129,169]，turbo-GAP[133] 等。MPLs 在模拟精度方面显示了巨大的潜力，而且模拟的空间和时间尺度远远超出了使用量子力学的计算。但是，它的模拟速度比常用的经验势要慢 2~3 个数量级。特别是对于具有较大声子平均自由程的系统，其热导率的计算通常需要较大的关联时间，因此应用这些高精度 MLPs 是困难和昂贵的。虽然利用 MLPs 的 MD 模拟已被用于探索各种材料的热输运性质，如金刚石[247]、非晶硅[248,249]、多层石墨烯[250]、硅烯[166]、h-BN[251]、C_3N[252]、C_2N[71]、MoS_2[253] 等，这些研究仅在有限的空间和时间尺度下进行。由于 MLPs 模拟速度的限制，利用 MLPs 对热输运性质的研究仍处于起步阶段。最近，在樊哲勇老师的带领下我们开发了一种基于神经演化框架的 ML 势 NEP，具有高精度和高效率，并将其集成到开源 GPUMD 程序包中。在 GPUMD 中模拟 NEP 势的速度可达 10^7 原子步/秒，这相当于 LAMMPS 中一些常用的经验势的速度。因此，NEP 是一种很有前景和高效的 MLPs，可以利用高精度的大规模原子模拟来解决热输运等具有挑战性的问题。

在这项工作中，作者考虑了石墨烯及其两种最常见的氮化结构 C_3N 和 C_2N。首先，使用密度泛函理论（DFT）程序准备他们的训练集和测试集数据。分别对训练集的数据进行 NEP 训练。这样，分别得到了石墨烯、C_3N 和 C_2N 的独立 NEP 势（IDNEP）。接下来，合并了石墨烯、C_3N 和 C_2N 的训练集，并对这三种结构相互组成的晶界构型补充了一些训练集数据。然后利用 NEP 训练出一个能同时描述三种结构的通用 NEP 势（GRNEP）。用得到的 IDNEP 和 GRNEP 计算了三种结构的声子色散，并与 DFT 结果进行了比较。结果表明，IDNEP 和 GRNEP 都能很好地描述声子色散关系。于是进一步比较了石墨烯、C_3N 和 C_2N 分别使用 IDNEP 和 GRNEP 两种势计算的热导率，结果表明利用两种 NEP 势得到的三种结构的热导率是一致的，说明使用 GRNEP 势能够同时描述这三种结构。最后，利用该通用的 GRNEP 研究了石墨烯、C_3N 和 C_2N 三种结构周期排列组成的超晶格的声子相干输运性能。在所有研究的超晶格中观察到随超晶格单元周期长度的减小都存在一个从非相干输运过渡到相干输运的最小的热导率。

5.1 机器学习势与模拟方法

开源的 GPUMD 程序包[167,168]是一个完全在 GPU 上实现的通用 MD 模拟工具，它包含 NEP 机器学习势的训练。NEP 是一种与经验多体势（如 Tersoff 势[117]和 EAM 势[254]）极其相似的 MLPs。NEP 势与 GPUMD 完美结合，并在 GPU 中实现，可以达到其他 MD 模拟程序经验势速度的高效模拟。

5.1.1 NEP 机器学习势

NEP 势是最近被开发的一种基于 GPU 的高效 MLPs[128]。它的 ML 模型采用自然演化策略和前馈神经网络相结合的方法来实现神经网络的演化模型。NEP 中使用的描述符的灵感来自 Behler[132]的对称函数和 SOAP[133]的优化版本。描述符向量是通过并置径向描述符分量和角度描述符分量形成的。径向描述符分量定义为：

$$q_n^i = \sum_{j \neq i} g_n(r_{ij}) \quad (0 \leqslant n \leqslant n_{\max}^R) \tag{5-1}$$

其中中心原子 i 有 $n_{\max}^R$ 个径向描述符分量。该求和计算了中心原子 i 在一定截止距离内的所有近邻。函数 $g_n(r_{ij})$ 被称为径向函数，因为它们只依赖于距离 r_{ij}。它们在当前的 NEP3 版本中被定义为 $\{f_k(r_{ij})\}_{k=0}^{N_{bas}^R}$，是 $N_{bas}^R + 1$ 个基函数的线性组合：

$$g_n(r_{ij}) = \sum_{k=0}^{N_{bas}^R} c_{nk}^{ij} f_k(r_{ij}) \tag{5-2}$$

与

$$f_k(r_{ij}) = \frac{1}{2} \{ T_k [2 (r_{ij}/r_c^R - 1)^2 - 1] + 1 \} f_c(r_{ij}) \tag{5-3}$$

这里 $T_k(x)$ 是第一类 k 阶 Chebyshev 多项式。

截断函数 $f_c(r_{ij})$ 定义为

$$f_c(r_{ij}) = \begin{cases} \dfrac{1}{2} \left[1 + \cos\left(\pi \dfrac{r_{ij}}{r_c^R} \right) \right] & r_{ij} \leqslant r_c^R \\ 0 & r_{ij} > r_c^R \end{cases} \tag{5-4}$$

式中，r_c^R 为径向描述符分量的截止距离。膨胀系数 c_{nk}^{ij} 与 n 和 k 有关，也与原子 i 和 j 的类型有关。

角度描述符分量 $\{q_{nl}^i\}$ 定义为（$1 \leqslant l \leqslant l_{\max}^{3b}$）：

$$q_{nl}^i = \frac{2l+1}{4\pi} \sum_{j \neq i} \sum_{k \neq i} g_n(r_{ij}) g_n(r_{ik}) P_l(\cos\theta_{ijk}) \tag{5-5}$$

式中，$P_l(\cos\theta_{ijk})$ 为 l 阶 Legendre 多项式；θ_{ijk} 为 ij 键和 ik 键形成的键角。

球谐函数由于对相邻函数的双重求和而无法进行数值求解。利用球谐函数的加法定理，可以将表达式（5-5）转化为更有效的数值求解的等效形式，如下所示：

$$q_{nl}^i = \sum_{m=-l}^{l} (-1)^m A_{nlm}^i A_{nl(-m)}^i = \sum_{m=0}^{l} (2 - \delta_{0l}) |A_{nlm}^i|^2 \tag{5-6}$$

$$A_{nlm}^i = \sum_{j \neq i} g_n(r_{ij}) Y_{lm}(\theta_{ij}, \phi_{ij}) \tag{5-7}$$

式中，$Y_{lm}(\theta_{ij}, \phi_{ij})$ 极角 θ_{ij} 和方位角 ϕ_{ij} 为位置差向量 $\boldsymbol{r}_{ij} \equiv \boldsymbol{r}_j - \boldsymbol{r}_i$ 从原子 i 到原子 j 的球谐函数。

在原子簇扩展方法[255]中，上述角度描述符分量通常被称为三体分量。在目前的 NEP3 版本中，角度描述符分量已导出为高阶五体分量，请参阅文献[137]了解过程的详细信息。

5.1.2　MD 模拟

这里使用的是一种高效的 HNEMD 方法，该方法最早由 Evans 提出，用于两体势，最近由樊等人[88,186,188]推广到多体势。所有的模拟都是使用 GPUMD 程序包[157,167,168]实施的。与其他 MD 软件包相比，GPUMD 的主要优点是对多体势进行准确的力评估，并显著提高了计算速度。

跑动热导率 $\kappa(t)$ 在之前的研究[88,186]中已经专门推导出了 HNEMD 方法。$\kappa(t)$ 被重新定义为以下运行平均值：

$$\kappa(t) = \frac{1}{t}\int_0^t \frac{\langle J(t')\rangle_{\mathrm{ne}}}{TVF_{\mathrm{e}}}\mathrm{d}t' \tag{5-8}$$

式中，$\langle J(t')\rangle_{\mathrm{ne}}$ 为在一个方向生成的热流 J 的非平衡的时间平均值；T 为温度；V 为体积；F_{e} 为一个控制外部驱动力大小和方向的矢量参数。

5.2　NEP 势的训练

5.2.1　训练集的准备

我们使用 Vienna Ab-Initio Simulation Package（VASP）[256,257]和 Projector-Augmented Wave（PAW）赝势进行量子力学 DFT 计算，以准备训练数据。对于考虑的石墨烯、C_3N 和 C_2N 三种结构使用相同的训练集准备策略。交换校正函数[258]采用广义梯度近似（GGA）。通过仔细的几何优化，首先获得了三个考虑的结构的精确初始晶胞。然后，利用 Ab-Initio MD（AIMD）计算得到不同温度和应变下的丰富构型。为了获得精确训练集所需的原子位置和相应的力、能量和位力信息，进一步对 AIMD 模拟输出的构型进行了静态 DFT 计算（单点计算）。石墨烯、C_3N 和 C_2N 的训练集都由 700 个晶胞构型组成，每个晶胞分别含有 72 个原子，如图 5-1（a）（b）和（c）所示。考虑温度范围为 100~1000K 以及双轴面内应变范围为 -1%~2% 的状态组成训练集，如表 5-1 所示。这些配置均从 AIMD 模拟输出中提取。AIMD 计算以 1fs 时间步长进行，在每个温度和应变下运行 1000 步。在静态计算中，选取平面波截止能量为 600eV，K 点选取为 4×4×1，能量收敛标准为 10^{-6} eV。采用 2nm 的真空层来避免层间的相互作用。

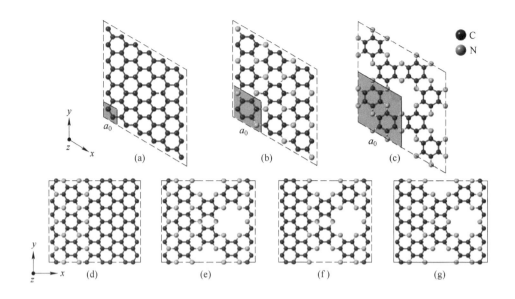

图 5-1　训练集原子结构示意图

（a）~（c）石墨烯、C_3N 和 C_2N 的训练集晶胞结构，每个都有 72 个原子；

（d）~（g）C_3N/石墨烯（96 个原子）、C_3N/C_2N（84 个原子）、

石墨烯/C_2N（84 个原子）和石墨烯/C_3N/C_2N（84 个原子）的训练集晶界构型

表 5-1　石墨烯、C_3N 和 C_2N 在不同温度和应变状态下训练构型的组成和数量

温度/K	应变/%						点数量
	-1.0	-0.5	0	0.5	1.0	2.0	
100	10	10	20	10	10	10	
200	10	10	20	10	10	10	
300	10	10	20	10	10	10	
400	10	10	20	10	10	10	
500	10	10	20	10	10	10	700
600	10	10	20	10	10	10	
700	10	10	20	10	10	10	
800	10	10	20	10	10	10	
900	10	10	20	10	10	10	
1000	10	10	20	10	10	10	

为了探索 MLPs 的通过性，以及用于更复杂的结构体系，尝试将石墨烯、C_3N 和 C_2N 的训练集合并在一起，以训练一个可以同时描述这三种材料的 GRNEP 势。此外，还增加了由这三种结构组合而成的简单晶界构型训练集数据。如图 5-1 (d)（e）（f）和（g）所示，增加的训练集包括 C_3N/石墨烯（96 个原子）、C_3N/C_2N（84 个原子）、石墨烯/C_2N（84 个原子）和石墨烯/C_3N/C_2N（84 个原子）四种晶界结构，每种结构由 50 个 MD 随机构型组成。相同地，对每个构型进行单点能静态计算，得到相应的力、能量和位力数据信息。最终的混合训练集由 2300 个构型组合而成。除了训练集，还准备了一个测试集，包含各种结构，以及温度和应变，大小是训练集的 1/5。因此，石墨烯、C_3N 和 C_2N 的单个测试集包含 140 种构型，而混合测试集总共包含 460 种构型。

5.2.2　势函数训练细节

在准备好训练集和测试集后，应用 NEP 程序[128,136,137]实施了 MLPs 的系统训练，该程序集成在开源 GPUMD 包[128,167,168]中。在这里，使用了最近改进的 NEP3 版本[137]，该版本已被验证具有更高的训练精度和有效性。经过详细的测试，选择 NEP 势的具体训练超参数为：截断距离 $r_c^R = 6$ 和 $r_c^A = 4$，径向函数参数 $n_{max}^R = n_{max}^A = n_{bas}^R = n_{bas}^A = 10$，独立训练集神经元数量 $N_{neu} = 80$，混合训练集神经元数量 $N_{neu} = 100$，种群大小 $N_{pop} = 60$。其他参数均为缺省配置。最终完成了 20 万步完整的训练。

当训练完成时，获得 NEP 势的同时，也得到基于训练集和测试集预测的能量、力、位力和它们损失函数。图 5-2 显示了石墨烯、C_3N、C_2N 训练集及其混合训练集的力、能量、位力损失函数的演化情况，也给出了对应的训练效果。对于石墨烯、C_3N、C_2N 以及混合训练集，能量、力和位力的均方根误差（RMSEs）在开始时存在一定的振荡，之后 RMSEs 随着训练过程中步数的增加而减小并趋于收敛，如图 5-2 (a)（e）（i）和（m）所示。

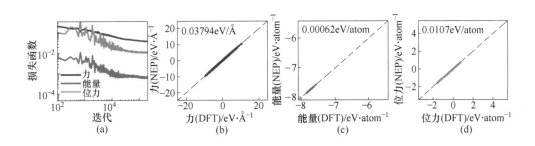

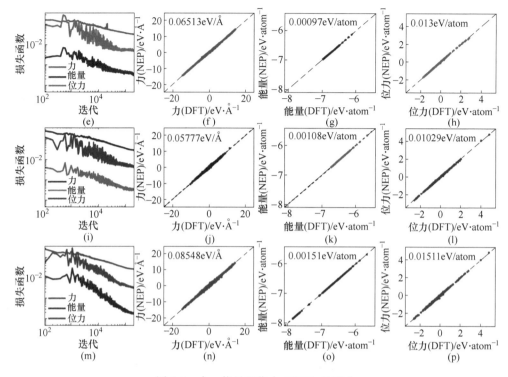

图 5-2 力、能量和位力 RMSEs 的演化

（a）独立的石墨烯训练数据；（e）独立的 C_3N 训练数据；（i）独立的 C_2N 训练数据；（m）合并及补充晶界构型的总的训练数据。与 DFT 计算结果相比，根据独立的石墨烯训练数据的 NEP 势计算的力（b）、能量（c）和位力（d）。（f）～（h）、（j）～（l）和（n）～（p）与（b）～（d）类似，分别对应 C_3N 训练数据，C_2N 训练数据，以及合并及补充晶界构型的混合训练数据

扫描二维码
查看彩图

5.3 NEP 势的评估

获得 NEP 势后，首先要做的就是检验势函数的准备可靠性。进一步证明训练的 NEP 势的高精度，与 DFT 数据的晶格常数以及声子散射曲线进行了系统的比较。

5.3.1 晶格常数检验

如表 5-2 所示，基于石墨烯、C_3N 和 C_2N 三种材料独立的 IDNEP 势以及通用的 GRNEP 势计算得到的晶格常数与 DFT 的结果相比是一致的，误差小于 0.2%。晶格常数误差越小代表势函数精度越高，对其物理性质的预测就会越准确可靠。

表 5-2 来自 DFT 和不同 NEP 势的 MD 计算的石墨烯、C_3N 和 C_2N 晶格常数 （Å）

晶格常数	石墨烯	C_3N	C_2N
DFT	2.467	4.859	8.322
IDNEP	2.464	4.851	8.318
GRNEP	2.464	4.849	8.319

5.3.2 声子色散评估

如图 5-3 所示，评估测试了石墨烯、C_3N 和 C_2N 每种结构独立的 IDNEP 势及通用 GRNEP 势的声子色散曲线，并与 DFT 进行了对比，结果显示 IDNEP 势和 GRNEP 势的声子色散曲线都与 DFT 较好地重合，特别是在 Γ 点附近，声学支色散曲线都完美地重合。表明两种 NEP 势都可以很好预测声子贡献的晶格热导率，为下一步研究热输运性能准备好了高精度的 NEP 势。此外，可初步判断计算得到的三种结构声子色散曲线与 DFT 总体匹配精度和文献[259]相当。

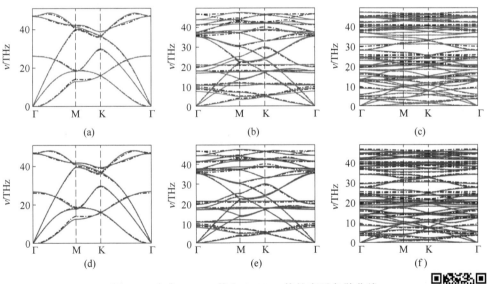

图 5-3 来自 IDNEP 势和 GRNEP 势的声子色散曲线
（彩色实线）分别与来自 DFT 数据（黑点虚线）的比较
（a）石墨烯-IDNEP；（b）C_3N-IDNEP；（c）C_2N-IDNEP；
（d）石墨烯-GRNEP；（e）C_3N-GRNEP；（f）C_2N-GRNEP

扫描二维码
查看彩图

5.3.3 热导率对比

确定拟合的 IDNEP 势和 GRNEP 都可以很好地描述石墨烯、C_3N 和 C_2N 三种结构的声子色散关系后，在这里，使用 HNEMD 方法分别应用两种 NEP 势计算了三种结构的热导率。所有的 MD 模拟都是在 300K 零压下实施，积分时间步长均设为1fs。先在 NPT 系综下平衡 0.1ns，然后切换到 NVT 系综分别用石墨烯（10ns）、C_3N（2ns）和 C_2N（1ns）来保持系统的整体温度并进行采样。经过系统测试，对于三种结构体系的外部驱动力 F_e 分别设置为石墨烯（$F_e = 0.1\mu m^{-1}$）、C_3N（$F_e = 1\mu m^{-1}$）和 C_2N（$F_e = 0.3\mu m^{-1}$），以保证 HNEMD 方法线性响应理论的有效性。

图 5-4 显示了使用 HNEMD 方法计算得到的热导率结果。其中图 5-4（a）和

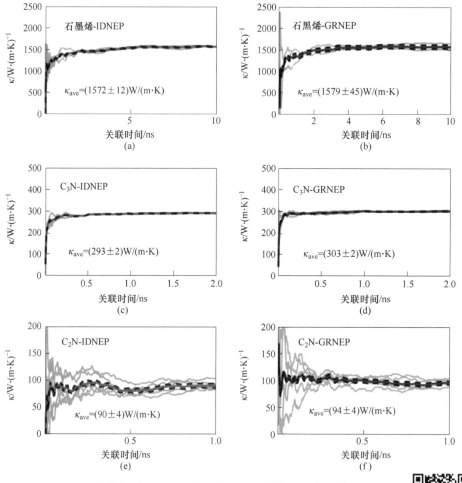

图 5-4 在 300K 和零压下，应用不同 NEP 势计算的
石墨烯（a）（b）、C_3N（c）（d）和 C_2N（e）（f）跑动热导率
细线来自 5 次独立运行模拟，粗线是其平均值，粗虚线
表示运行模拟的标准误差

（b）为使用了 24000 个原子的石墨烯体系分别基于 IDNEP 势和 GRNEP 势计算的热导率，结果是一致的，且在图中已经标记出来。图 5-4（c）和（d）为使用了24480 个原子的 C_3N 体系，图 5-4（e）和（f）为使用了 13350 个原子的 C_2N 体系。比较三种结构的两种势函数的结果可以发现，通用的 GRNEP 势的结果分别与独立 IDNEP 势的结果基本是一致的，其中 C_2N 两种势的相对误差最大也只有4%左右，这与它们的统计误差相当。结果表明合并的混合训练集训练的通用GRNEP 势是可以同时描述三种结构体系的热输运性质。因此，可以将 GRNEP 势应用到包含以上三种结构的超晶格体系中，进一步深入研究可调控的超晶格体系中的热输运特性。

同时，使用 HNEMD 方法结合谱分解法基于通用 GRNEP 势计算了石墨烯、C_3N 和 C_2N 谱热导率，如图 5-5 所示。获得不同频率的声子对它们热导率的贡献情况。石墨烯低频声子对热导率的贡献相对较多，C_3N 高频声子贡献略多，C_2N低频声子贡献较多。

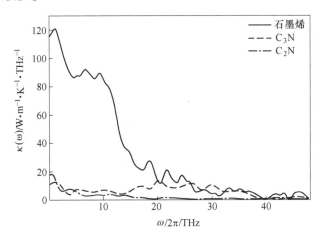

图 5-5　在 300K 和零压下，利用 GRNEP 势计算的石墨烯、C_3N 和 C_2N 热导率谱分解

5.4　二维 C—N 超晶格中的热输运

5.4.1　二维 C—N 超晶格

纳米结构的超晶格由于其物理特性和可操作性一直是许多研究者关注的焦点。他们的目标是为新的电子和热电器件寻找有前途的材料。二维 C—N 纳米结构具有非零电子带隙，这使其成为未来下一代电子器件应用的杰出候选者。由两种或多种二维 C—N 纳米结构周期排列组成的 C—N 超晶格，是极为理想的可调控纳米结构。特别是对超晶格热输运性能的调制，使它们在高级热管理和热电转

换中具有重要应用和意义。超晶格是一种特殊的异质结构，已有许多关于超晶格热导率的实验和理论研究工作。超晶格的热输运特性表明，通过改变超晶格结构的单元周期长度可观察到由声子相干和晶界散射两种竞争机制导致的最小热导率。

我们的训练集中已包括 C_3N/石墨烯、C_3N/C_2N、石墨烯/C_2N 和石墨烯/C_3N/C_2N 四种晶界结构，因此通用的 GRNEP 势也可以描述具有这几种晶界的超晶格结构。图 5-6 所示分别为四种类型的超晶格。其中在每个子图中显示了超晶格的不同单元周期长度 d_p 的原子结构示意图，以及单元长度为 d_p3 的 HNEMD 模

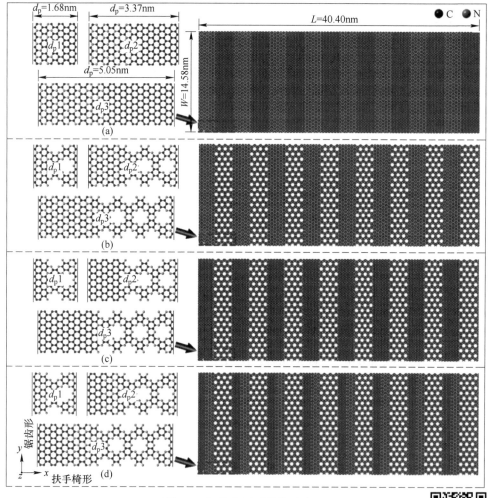

图 5-6   超晶格原子结构示意图

（a） C_3N/石墨烯；（b） C_3N/C_2N；（c） 石墨烯/C_2N；

（d） 石墨烯/C_3N/C_2N

扫描二维码
查看彩图

拟晶胞。所有类型超晶格模拟晶胞大小都约为 40.4nm×14.6nm，且在模拟晶胞的平面两个方向都采用周期性边界条件，这样的模拟晶胞长度是足够长的，可以消除有限尺寸效应，计算出的热导率可以看作是超晶格无限长系统的本征热导率。

5.4.2 热输运性能

接下来，应用 GRNEP 势进一步模拟并计算了 C_3N/石墨烯、C_3N/C_2N、石墨烯/C_2N 和石墨烯/C_3N/C_2N 四种超晶格不同单元周期长度的热导率。与之前模拟细节相似，所有的超晶格模拟体系的积分时间步长均设为 1fs。先在 300K 零压 NPT 系综下平衡 0.1ns，然后切换到 NVT 系综保持系统的整体温度并进行采样 2ns，选取外部驱动力 $F_e = 1\mu m^{-1}$。

图 5-7 中，显示了用 HNEMD 方法计算的每一种超晶格随周期长度 d_p 增加热导率的变化情况。可以看出在 C_3N/石墨烯、石墨烯/C_2N、C_3N/C_2N 和石墨烯/C_3N/C_2N 四种超晶格中都出现了最小热导率。但 C_3N/石墨烯超晶格最小热导率

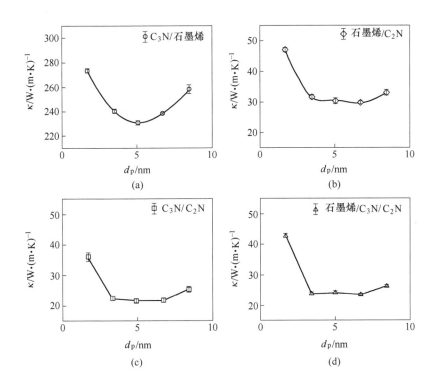

图 5-7　C_3N/石墨烯 (a)，石墨烯/C_2N (b)，C_3N/C_2N (c) 和
石墨烯/C_3N/C_2N (d) 的热导率随超晶格单元周期长度 d_p 的变化关系

明显在 $d_p = 5nm$ 附近，而其他三种超晶格的最小热导率出现在 d_p 为 3~7nm 一定范围内，这一现象在文献[93]的图 4（a）C_3N/C_2N 超晶格中也有出现。表明声子相干（类波）和晶界散射（类粒子）两种竞争机制在 d_p 为 3~7nm 范围大小基本相当。这与石墨烯/C_2N、C_3N/C_2N 和石墨烯/C_3N/C_2N 三种超晶格中都有 C_2N 的结构有关。C_2N 结构由于均匀的较大孔洞会引起额外的声子散射，抑制晶界减少而导致的热导率增加。因此，在超晶格中引入 C_2N 这种均匀孔洞可有效扩大超晶格的最小热导率范围，超晶格调制非常有利于其在热电转换中可控操作。这一发现将进一步促进超晶格在电子和热电器件中的可控应用。

5.5 本 章 小 结

在本章，应用 NEP 势对二维 C—N 材料的热输运性质进行了系统的研究。基于 DFT 训练集分别训练了石墨烯、C_3N 和 C_2N 三种结构独立的 IDNEP 和通用的 GRNEP 势。对 NEP 势进行了系统地评估和比较，确定通用的 GRNEP 势可以很好地描述三种结构及热输运性能。进一步应用这个通用的 GRNEP 势研究了由石墨烯、C_3N 和 C_2N 三种结构组成的 C_3N/石墨烯、石墨烯/C_2N、C_3N/C_2N 和石墨烯/C_3N/C_2N 四种超晶格。观察到四种超晶格的热导率随周期单元长度 d_p 的减小而呈现的最小热导率，表明在这些超晶格中都有很明显的相干输运现象。特别注意到由于 C_2N 结构具有较大且均匀的孔洞，导致超晶格因孔洞引起的额外声子散射，扩大了其最小热导率的周期单元长度的范围。这一现象非常有利于超晶格在热电转换中的可控应用。

结果表明，NEP 势不仅可以精确地描述简单体系，还能同时精确地描述多种结构及更复杂的体系并预测其热输运性能。从 DFT 训练集准备到 NEP 势训练，再到势函数检验与评估，最后应用 NEP 势具体研究材料相关性质。通过这样的流程可以实现多尺度高精度的材料结构及性能模拟。可以确定，MLPs 的出现，已经完美解决了之前 MD 模拟中传统经验势函数匮乏及精度低不可靠等"卡脖子"问题。因此，可以说 MLPs 将极大地促进 MD 模拟的蓬勃发展。

参 考 文 献

［1］ Novoselov K S, Geim A K, Morozov S V, et al. Electric Field Effect in Atomically Thin Carbon Films ［J］. Science, 2004, 306 (5696): 666-669.

［2］ Lv W, Tang D, He Y, et al. Low-Temperature Exfoliated Graphenes: Vacuum-Promoted Exfoliation and Electrochemical Energy Storage ［J］. ACS Nano, 2009, 3 (11): 3730-3736.

［3］ Lotya M, Hernandez Y, King P J, et al. Liquid Phase Production of Graphene by Exfoliation of Graphite in Surfactant/Water Solutions ［J］. Journal of the American Chemical Society, 2009, 131 (10): 3611-3620.

［4］ Lu J, Yang J, Wang J, et al. One-Pot Synthesis of Fluorescent Carbon Nanoribbons, Nanoparticles, and Graphene by the Exfoliation of Graphite in Ionic Liquids ［J］. ACS Nano, 2009, 3 (8): 2367-2375.

［5］ Mei X, Meng X, Wu F. Hydrothermal method for the production of reduced graphene oxide ［J］. Physica E: Low-dimensional Systems and Nanostructures, 2015, 68: 81-86.

［6］ Jayasena B, Subbiah S. A novel mechanical cleavage method for synthesizing few-layer graphenes ［J］. Nanoscale Research Letters, 2011, 6 (1): 95.

［7］ Chen Z, Ren W, Gao L, et al. Three-dimensional flexible and conductive interconnected graphene networks grown by chemical vapour deposition ［J］. Nature Materials, 2011, 10 (6): 424-428.

［8］ Reina A, Jia X, Ho J, et al. Large Area, Few-Layer Graphene Films on Arbitrary Substrates by Chemical Vapor Deposition ［J］. Nano Letters, 2009, 9 (1): 30-35.

［9］ Lonkar S P, Deshmukh Y S, Abdala A A. Recent advances in chemical modifications of graphene ［J］. Nano Research, 2015, 8 (4): 1039-1074.

［10］ Liu J, Tang J, Gooding J J. Strategies for chemical modification of graphene and applications of chemically modified graphene ［J］. Journal of Materials Chemistry, 2012, 22 (25): 12435-12452.

［11］ Chen J, Chen S, Gu P, et al. Electrically modulating and switching infrared absorption of monolayer graphene in metamaterials ［J］. Carbon, 2020, 162: 187-194.

［12］ Lee C, Wei X, Kysar J W, et al. Measurement of the Elastic Properties and Intrinsic Strength of Monolayer Graphene ［J］. Science, 2008, 321 (5887): 385-388.

［13］ Geim A K, Novoselov K S. The rise of graphene ［J］. Nature Materials, 2007, 6 (3): 183-191.

［14］ Fan Z Y, Pereira L, Hirvonen P, et al. Thermal conductivity decomposition in two-dimensional materials: Application to graphene ［J］. Physical Review B, 2017, 95 (14): 144309.

［15］ Yan Z, Liu G, Khan J M, et al. Graphene quilts for thermal management of high-power GaN transistors ［J］. Nature Communications, 2012, 3 (1): 827.

［16］ Shahil K M F, Balandin A A. Graphene-Multilayer Graphene Nanocomposites as Highly Efficient Thermal Interface Materials ［J］. Nano Letters, 2012, 12 (2): 861-867.

［17］ Goli P, Legedza S, Dhar A, et al. Graphene-enhanced hybrid phase change materials for thermal management of Li-ion batteries ［J］. Journal of Power Sources, 2014, 248: 37-43.

［18］ Fan Z Y, Hirvonen P, Pereira L, et al. Bimodal Grain-Size Scaling of Thermal Transport in Polycrystalline Graphene from Large-Scale Molecular Dynamics Simulations ［J］. Nano Letters, 2017, 17 (10): 5919-5924.

［19］ Liu X J, Zhang G, Zhang Y W. Topological defects at the Graphene/h-BN interface abnormally enhance its thermal conductance ［J］. Nano Letters, 2016, 16 (8): 4954-4959.

［20］ Levendorf M P, Kim C J, Brown L, et al. Graphene and boron nitride lateral heterostructures for atomically thin circuitry ［J］. Nature, 2012, 488 (7413): 627-632.

［21］ Xu X F, Pereira L, Wang Y, et al. Length-dependent thermal conductivity in suspended single-layer graphene ［J］. Nature Communications, 2014, 5: 3689.

［22］ Ci L, Song L, Jin C H, et al. Atomic layers of hybridized boron nitride and graphene domains ［J］. Nature Materials, 2010, 9 (5): 430-435.

［23］ Liu Z, Ma L L, Shi G, et al. In-plane heterostructures of graphene and hexagonal boron nitride with controlled domain sizes ［J］. Nature Nanotechnology, 2013, 8 (2): 119-124.

［24］ Sevincli H, Topsakal M, Ciraci S. Superlattice structures of graphene-based armchair nanoribbons ［J］. Physical Review B, 2008, 78 (24): 245402.

［25］ Grantab R, Shenoy V B, Ruoff R S. Anomalous strength characteristics of tilt grain boundaries in graphene ［J］. Science, 2010, 330 (6006): 946-948.

［26］ Iijima S. Helical microtubules of graphitic carbon ［J］. Nature, 1991, 354 (6348): 56-58.

［27］ Wang H, Chhowalla M, Sano N, et al. Large-scale synthesis of single-walled carbon nanohorns by submerged arc ［J］. Nanotechnology, 2004, 15 (5): 546.

［28］ Annu A, Bhattacharya B, Singh P K, et al. Carbon nanotube using spray pyrolysis: Recent scenario ［J］. Journal of Alloys and Compounds, 2017, 691: 970-982.

［29］ Paradise M, Goswami T. Carbon nanotubes-Production and industrial applications ［J］. Materials & Design, 2007, 28 (5): 1477-1489.

［30］ Reddy K R, Alonso-Marroquin F. Polypyrrole functionalized with carbon nanotubes as an efficient and new electrodes for electrochemical supercapacitors ［J］. AIP Conference Proceedings, 2017, 1856 (1): 20002.

［31］ Fathy N A, Annamalai K P, Tao Y. Effects of phosphoric acid activation on the nanopore structures of carbon xerogel/carbon nanotubes hybrids and their capacitance storage ［J］. Adsorption, 2017, 23 (2): 355-360.

［32］ Surya V J, Iyakutti K, Venkataramanan N S, et al. Single walled carbon nanotubes functionalized with hydrides as potential hydrogen storage media: A survey of intermolecular interactions ［J］. Phys. Status Solidi B, 2011, 248 (9): 2147-2158.

［33］ Wen Z, Wang Q, Li J. Template Synthesis of Aligned Carbon Nanotube Arrays using Glucose as a Carbon Source: Pt Decoration of Inner and Outer Nanotube Surfaces for Fuel-Cell Catalysts ［J］. Advanced Functional Materials, 2008, 18 (6): 959-964.

［34］ Chung J, Lee K, Lee J, et al. Toward Large-Scale Integration of Carbon Nanotubes ［J］. Langmuir, 2004, 20（8）: 3011-3017.

［35］ Lazzeri M, Paulatto L, Mauri F, et al. Ab initio variational approach for evaluating lattice thermal conductivity ［J］. Physical Review B, 2013, 88（4）: 45430.

［36］ Kang J S, Li M, Wu H A, et al. Experimental observation of high thermal conductivity in boron arsenide ［J］. Science, 2018, 361（6402）: 575-578.

［37］ Berber S, Kwon Y K, Tomanek D. Unusually high thermal conductivity of carbon nanotubes ［J］. Physical Review Letters, 2000, 84（20）: 4613-4616.

［38］ Turney J E, Landry E S, McGaughey A, et al. Predicting phonon properties and thermal conductivity from anharmonic lattice dynamics calculations and molecular dynamics simulations ［J］. Physical Review B, 2009, 79（6）: 64301.

［39］ Broido D A, Malorny M, Birner G, et al. Intrinsic lattice thermal conductivity of semiconductors from first principles ［J］. Applied Physics Letters, 2007, 91（23）: 231922.

［40］ Wang J S, Wang J, Lu J T. Quantum thermal transport in nanostructures ［J］. European Physical Journal B, 2008, 62（4）: 381-404.

［41］ Mingo N, Yang L. Phonon transport in nanowires coated with an amorphous material: An atomistic Green's function approach ［J］. Physical Review B, 2003, 68（24）: 245406.

［42］ Mountain R D, MacDonald R A. Thermal conductivity of crystals: A molecular-dynamics study of heat flow in a two-dimensional crystal ［J］. Physical Review B, 1983, 28: 3022-3025.

［43］ Jund P, Jullien R E. Molecular-dynamics calculation of the thermal conductivity of vitreous silica ［J］. Physical Review B, 1999, 59: 13707-13711.

［44］ Volz S G, Chen G. Molecular-dynamics simulation of thermal conductivity of silicon crystals ［J］. Physical Review B, 2000, 61（4）: 2651-2656.

［45］ Kim S E, Mujid F, Rai A, et al. Extremely anisotropic van der Waals thermal conductors ［J］. Nature, 2021, 597（7878）: 660-665.

［46］ Zhang Y, Lv Q, Wang H, et al. Simultaneous electrical and thermal rectification in a monolayer lateral heterojunction ［J］. Science, 2022, 378（6616）: 169-175.

［47］ McGaughey A, Kaviany M. Quantitative validation of the Boltzmann transport equation phonon thermal conductivity model under the single-mode relaxation time approximation ［J］. Physical Review B, 2004, 69（9）: 94303.

［48］ Evans D J, Morris G P. Statistical Mechanics of Non-equilibrium Liquids ［M］. Academic, New York, 1990.

［49］ Shiomi J. Nonequilirium molecular dynamics methods for lattice heat conduction calculations ［J］. Annual Review of Heat Transfer, 2014, 17: 177.

［50］ Schelling P K, Phillpot S R, Keblinski P. Comparison of atomic-level simulation methods for computing thermal conductivity ［J］. Physical Review B, 2002, 65（14）: 144306.

［51］ Gu X, Fan Z, Bao H. Thermal conductivity prediction by atomistic simulation methods: Recent advances and detailed comparison ［J］. Journal of Applied Physics, 2021, 130

（21）：210902.

[52] Dai J H, Tian Z T. Rigorous formalism of anharmonic atomistic Green's function for three-dimensional interfaces [J]. Physical Review B, 2020, 101 (4)：41301.

[53] Miao K, Sadasivam S, Charles J, et al. Buttiker probes for dissipative phonon quantum transport in semiconductor nanostructures [J]. Applied Physics Letters, 2016, 108 (11)：113107.

[54] Luisier M. Atomistic modeling of anharmonic phonon-phonon scattering in nanowires [J]. Physical Review B, 2012, 86 (24)：245407.

[55] Balandin A A. Thermal properties of graphene and nanostructured carbon materials [J]. Nature Materials, 2011, 10 (8)：569-581.

[56] Terraneo M, Peyrard M, Casati G. Controlling the energy flow in nonlinear lattices：A model for a thermal rectifier [J]. Physical Review Letters, 2002, 88 (9)：94302.

[57] Li B, Wang L, Casati G. Negative differential thermal resistance and thermal transistor [J]. Applied Physics Letters, 2006, 88 (14)：143501.

[58] Li B, Wang L. Thermal Logic Gates：Computation with Phonons [J]. Physical Review Letters, 2007, 99 (17)：177208.

[59] Li B, Wang L. Thermal Memory：A Storage of Phononic Information [J]. Physical Review Letters, 2008, 101 (26)：267203.

[60] Hu Y, Feng T, Gu X, et al. Unification of nonequilibrium molecular dynamics and the mode-resolved phonon Boltzmann equation for thermal transport simulations [J]. Physical Review B, 2020, 101 (15)：155308.

[61] Felix I M, Pereira L F C. Thermal conductivity of graphene-hBN superlattice ribbons [J]. Scientific Reports, 2018, 8 (1)：2737.

[62] Askilahti K S A, Oksanen J, Tulkki J, et al. Vibrational mean free paths and thermal conductivity of amorphous silicon from non-equilibrium molecular dynamics simulations [J]. AIP Advances, 2016, 6 (12)：121904.

[63] Mu X, Zhang T, Go D B, et al. Coherent and incoherent phonon thermal transport in isotopically modified graphene superlattices [J]. Carbon, 2015, 83：208-216.

[64] Zhou H Q, Zhu J X, Liu Z, et al. High thermal conductivity of suspended few-layer hexagonal boron nitride sheets [J]. Nano Research, 2014, 7 (8)：1232-1240.

[65] Jo I, Pettes M T, Kim J, et al. Thermal Conductivity and Phonon Transport in Suspended Few-Layer Hexagonal Boron Nitride [J]. Nano Letters, 2013, 13 (2)：550-554.

[66] Hu J, Schiffli S, Vallabhaneni A, et al. Tuning the thermal conductivity of graphene nanoribbons by edge passivation and isotope engineering：A molecular dynamics study [J]. Applied Physics Letters, 2010, 97 (13)：133107.

[67] Mandadapu K K, Jones R E, Papadopoulos P. Generalization of the homogeneous nonequilibrium molecular dynamics method for calculating thermal conductivity to multibody potentials [J]. Physical Review E, 2009, 80 (4)：47702.

［68］ Donadio D, Galli G. Thermal conductivity of isolated and interacting carbon nanotubes: Comparing results from molecular dynamics and the Boltzmann transport equation ［J］. Physical Review Letters, 2007, 99 (25): 255502.

［69］ Dong H, Fan Z, Qian P, et al. Exactly equivalent thermal conductivity in finite systems from equilibrium and nonequilibrium molecular dynamics simulations ［J］. Physica E: Low-dimensional Systems and Nanostructures, 2022, 144: 115410.

［70］ Barbalinardo G, Chen Z, Dong H, et al. Ultrahigh Convergent Thermal Conductivity of Carbon Nanotubes from Comprehensive Atomistic Modeling ［J］. Physical Review Letters, 2021, 127 (2): 25902.

［71］ Arabha S, Rajabpour A. Thermo-mechanical properties of nitrogenated holey graphene (C_2N): A comparison of machine-learning-based and classical interatomic potentials ［J］. International Journal of Heat and Mass Transfer, 2021, 178: 121589.

［72］ Liang T, Zhou M, Zhang P, et al. Multilayer in-plane graphene/hexagonal boron nitride heterostructures: Insights into the interfacial thermal transport properties ［J］. International Journal of Heat and Mass Transfer, 2020, 151: 119395.

［73］ Li M Y, Zheng B, Duan K, et al. Effect of Defects on the Thermal Transport across the Graphene/Hexagonal Boron Nitride Interface ［J］. Journal of Physical Chemistry C, 2018, 122 (26): 14945-14953.

［74］ Azizi K, Hirvonen P, Fan Z Y, et al. Kapitza thermal resistance across individual grain boundaries in graphene ［J］. Carbon, 2017, 125: 384-390.

［75］ Kuang Y D, Lindsay L, Shi S Q, et al. Tensile strains give rise to strong size effects for thermal conductivities of silicene, germanene and stanene ［J］. Nanoscale, 2016, 8 (6): 3760-3767.

［76］ Ong Z Y, Zhang G, Zhang Y W. Controlling the thermal conductance of graphene/h-BN lateral interface with strain and structure engineering ［J］. Physical Review B, 2016, 93 (7): 75406.

［77］ Gill-Comeau M, Lewis L J. On the importance of collective excitations for thermal transport in graphene ［J］. Applied Physics Letters, 2015, 106 (19): 193104.

［78］ Zhang Y Y, Pei Q X, He X Q, et al. A molecular dynamics simulation study on thermal conductivity of functionalized bilayer graphene sheet ［J］. Chemical Physics Letters, 2015, 622: 104-108.

［79］ Lindsay L, Broido D A, Mingo N. Flexural phonons and thermal transport in multilayer graphene and graphite ［J］. Physical Review B, 2011, 83 (23): 235428.

［80］ Lindsay L, Broido D A, Mingo N. Flexural phonons and thermal transport in graphene ［J］. Physical Review B, 2010, 82 (11): 115427.

［81］ Lindsay L, Broido D A. Optimized Tersoff and Brenner empirical potential parameters for lattice dynamics and phonon thermal transport in carbon nanotubes and graphene ［J］. Physical Review B, 2010, 81 (20): 205441.

［82］ Savin A V，Hu B B，Kivshar Y S. Thermal conductivity of single-walled carbon nanotubes ［J］. Physical Review B，2009，80（19）：195423.

［83］ Kawamura T，Kangawa Y，Kakimoto K. Investigation of the thermal conductivity of a fullerene peapod by molecular dynamics simulation ［J］. Journal of Crystal Growth，2008，310（7-9）：2301-2305.

［84］ Lukes J R，Zhong H L. Thermal conductivity of individual single-wall carbon nanotubes ［J］. Journal of Heat Transfer，2007，129（6）：705-716.

［85］ Noya E G，Srivastava D，Chernozatonskii L A，et al. Thermal conductivity of carbon nanotube peapods ［J］. Physical Review B，2004，70（11）：115416.

［86］ Lepri S，Livi R，Politi A. Thermal conduction in classical low-dimensional lattices ［J］. Physics Reports，2003，377（1）：1-80.

［87］ Bagri A，Kim S，Ruoff R S，et al. Thermal transport across Twin Grain Boundaries in Polycrystalline Graphene from Nonequilibrium Molecular Dynamics Simulations ［J］. Nano Letters，2011，11（9）：3917-3921.

［88］ Dong H，Hirvonen P，Fan Z，et al. Heat transport in pristine and polycrystalline single-layer hexagonal boron nitride ［J］. Physical Chemistry Chemical Physics，2018，20（38）：24602-24612.

［89］ Cao A，Qu J. Kapitza conductance of symmetric tilt grain boundaries in graphene ［J］. Journal of Applied Physics，2012，111（5）：53529.

［90］ Yasaei P，Fathizadeh A，Hantehzadeh R，et al. Bimodal Phonon Scattering in Graphene Grain Boundaries ［J］. Nano Letters，2015，15（7）：4532-4540.

［91］ Dong H，Hirvonen P，Fan Z，et al. Heat transport across graphene/hexagonal-BN tilted grain boundaries from phase-field crystal model and molecular dynamics simulations ［J］. Journal of Applied Physics，2021，130（23）：235102.

［92］ Wu X，Han Q. Semidefective Graphene/h-BN In-Plane Heterostructures：Enhancing Interface Thermal Conductance by Topological Defects ［J］. Journal of Physical Chemistry C，2021，125（4）：2748-2760.

［93］ Razzaghi L，Khoeini F，Rajabpour A，et al. Thermal transport in two-dimensional C_3N/C_2N superlattices：A molecular dynamics approach ［J］. International Journal of Heat and Mass Transfer，2021，177：121561.

［94］ Wang X，Wang M，Hong Y，et al. Coherent and incoherent phonon transport in a graphene and nitrogenated holey graphene superlattice ［J］. Physical Chemistry Chemical Physics，2017，19：24240-24248.

［95］ Chen X，Xie Z，Zhou W，et al. Phonon wave interference in graphene and boron nitride superlattice ［J］. Applied Physics Letters，2016，109（2）：23101.

［96］ Zhu T，Ertekin E. Phonon transport on two-dimensional graphene/boron nitride superlattices ［J］. Physical Review B，2014，90：195209.

［97］ Liu J，Liu Y，Jing Y，et al. Phonon Transport of Zigzag/Armchair Graphene Superlattice

Nanoribbons [J]. International Journal of Thermophysics, 2018, 39 (11): 125.

[98] Felix I M, Pereira L F C. Suppression of coherent thermal transport in quasiperiodic graphene-hBN superlattice ribbons [J]. Carbon, 2020, 160: 335-341.

[99] Guo T, Sha Z, Liu X, et al. Tuning the thermal conductivity of multi-layer graphene with interlayer bonding and tensile strain [J]. Applied Physics A, 2015, 120 (4): 1275-1281.

[100] Alborzi M S, Rajabpour A. Thermal transport in van der Waals graphene/boron-nitride structure: a molecular dynamics study [J]. The European Physical Journal Plus, 2021, 136 (9): 959.

[101] Ren W, Ouyang Y, Jiang P, et al. The Impact of Interlayer Rotation on Thermal Transport Across Graphene/Hexagonal Boron Nitride van der Waals Heterostructure [J]. Nano Letters, 2021, 21 (6): 2634-2641.

[102] Wang J, Mu X, Wang X, et al. The thermal and thermoelectric properties of in-plane C-BN hybrid structures and graphene/h-BN van der Waals heterostructures [J]. Materials Today Physics, 2018, 5: 29-57.

[103] Lee J, Kim H, Kahng S, et al. Bandgap modulation of carbon nanotubes by encapsulated metallofullerenes [J]. Nature, 2002, 415 (6875): 1005.

[104] Smith B W, Monthioux M, Luzzi D E. Carbon nanotube encapsulated fullerenes: a unique class of hybrid materials [J]. Chemical Physics Letters, 1999, 315 (1): 31-36.

[105] Wan J, Jiang J W. Modulation of thermal conductivity in single-walled carbon nanotubes by fullerene encapsulation: enhancement or reduction? [J]. Nanoscale, 2018, 10 (38): 18249-18256.

[106] Kodama T, Ohnishi M, Park W, et al. Modulation of thermal and thermoelectric transport in individual carbon nanotubes by fullerene encapsulation [J]. Nature Materials, 2017, 16 (9): 892-897.

[107] Cui L, Feng Y H, Zhang X X. Dependence of Thermal Conductivity of Carbon Nanopeapods on Filling Ratios of Fullerene Molecules [J]. Journal of Physical Chemistry A, 2015, 119 (45): 11226-11232.

[108] Cui L, Feng Y H, Zhang X X. Enhancement of heat conduction in carbon nanotubes filled with fullerene molecules [J]. Physical Chemistry Chemical Physics, 2015, 17 (41): 27520-27526.

[109] Ran K, Mi X, Shi Z J, et al. Molecular packing of fullerenes inside single-walled carbon nanotubes [J]. Carbon, 2012, 50 (15): 5450-5457.

[110] Elder K R, Katakowski M, Haataja M, et al. Modeling elasticity in crystal growth [J]. Physical Review Letters, 2002, 88 (24): 245701.

[111] Elder K R, Grant M. Modeling elastic and plastic deformations in nonequilibrium processing using phase field crystals [J]. Physical Review E, 2004, 70 (5): 51605.

[112] Singh V P. The Use of Entropy in Hydrology and Water Resources [J]. Hydrological Processes, 1997, 11 (6): 587-626.

[113] E S N. A unified formulation of the constant temperature molecular dynamics methods [J]. The Journal of Chemical Physics, 1984, 81 (1): 511-519.

[114] Ladd A J C, Moran B, Hoover W G. High-Strain-Rate Plastic Flow Studied via Nonequilibrium Molecular Dynamics [J]. Physical Review Letters, 1982, 48 (26): 1818-1820.

[115] Hoover W G. Canonical dynamics: Equilibrium phase-space distributions [J]. Physical Review A, 1985, 31 (3): 1695-1697.

[116] Andersen H C. Molecular dynamics simulations at constant pressure and/or temperature [J]. The Journal of Chemical Physics, 1980, 72 (4): 2384-2393.

[117] Tersoff. Modeling solid-state chemistry: Interatomic potentials for multicomponent systems [J]. Physical review. B, Condensed matter, 1989, 39 (8): 5566-5568.

[118] Unke O T, Chmiela S, Sauceda H E, et al. Machine Learning Force Fields [J]. Chemical Reviews, 2021, 121 (16): 10142-10186.

[119] Mishin Y. Machine-learning interatomic potentials for materials science [J]. Acta Materialia, 2021, 214: 116980.

[120] Mueller T, Hernandez A, Wang C H. Machine learning for interatomic potential models [J]. Journal of Chemical Physics, 2020, 152 (5): 50902.

[121] Deringer V L, Caro M A, Csanyi G. Machine Learning Interatomic Potentials as Emerging Tools for Materials Science [J]. Advanced Materials, 2019, 31 (46): 1902765.

[122] Behler J. Perspective: Machine learning potentials for atomistic simulations [J]. Journal of Chemical Physics, 2016, 145 (17): 219901.

[123] Behler J, Parrinello M. Generalized neural-network representation of high-dimensional potential-energy surfaces [J]. Physical Review Letters, 2007, 98 (14): 146401.

[124] Bartok A P, Payne M C, Kondor R, et al. Gaussian Approximation Potentials: The Accuracy of Quantum Mechanics, without the Electrons [J]. Physical Review Letters, 2010, 104 (13): 136403.

[125] Thompson A P, Swiler L P, Trott C R, et al. Spectral neighbor analysis method for automated generation of quantum-accurate interatomic potentials [J]. Journal of Computational Physics, 2015, 285: 316-330.

[126] Wierstra D, Schaul T, Glasmachers T, et al. Natural Evolution Strategies [J]. Journal of Machine Learning Research, 2014, 15: 949-980.

[127] Schaul T, Glasmachers T, Schmidhuber J. High Dimensions and Heavy Tails for Natural Evolution Strategies: GECCO-2011: Proceedings of The 13th Annual Genetic and Evolutionary Computation Conference [Z]. Krasnogor N. 13th Annual Genetic and Evolutionary Computation Conference (GECCO): 2011, 845-852.

[128] Fan Z, Zeng Z, Zhang C, et al. Neuroevolution machine learning potentials: Combining high accuracy and low cost in atomistic simulations and application to heat transport [J]. Physical Review B, 2021, 104 (10): 104309.

[129] Shapeev A V. Moment Tensor Potentials: A Class of Systematically Improvable Interatomic Potentials [J]. Multiscale Modeling & Simulation, 2016, 14 (3): 1153-1173.

[130] Zhang L F, Han J Q, Wang H, et al. Deep Potential Molecular Dynamics: A Scalable Model with the Accuracy of Quantum Mechanics [J]. Physical Review Letters, 2018, 120 (14): 143001.

[131] Bartok A P, Kondor R, Csanyi G. On representing chemical environments [J]. Physical Review B, 2013, 87 (18): 184115.

[132] Behler J. Atom-centered symmetry functions for constructing high-dimensional neural network potentials [J]. Journal of Chemical Physics, 2011, 134 (7): 74106.

[133] Caro M A. Optimizing many-body atomic descriptors for enhanced computational performance of machine learning based interatomic potentials [J]. Physical Review B, 2019, 100: 24112.

[134] Li Z, Xiong S, Sievers C, et al. Influence of thermostatting on nonequilibrium molecular dynamics simulations of heat conduction in solids [J]. Journal of Chemical Physics, 2019, 151 (23): 234105.

[135] Dong H, Fan Z, Shi L, et al. Equivalence of the equilibrium and the nonequilibrium molecular dynamics methods for thermal conductivity calculations: From bulk to nanowire silicon [J]. Physical Review B, 2018, 97 (9): 94305.

[136] Fan Z. Improving the accuracy of the neuroevolution machine learning potential for multi-component systems [J]. Journal of Physics: Condensed Matter, 2022, 34 (12): 125902.

[137] Fan Z, Wang Y, Ying P, et al. GPUMD: A package for constructing accurate machine-learned potentials and performing highly efficient atomistic simulations [J]. The Journal of Chemical Physics, 2022, 157 (11): 114801.

[138] Green M S. Markoff Random Processes and the Statistical Mechanics of Time-dependent Phenomena. II. Irreversible Processes in Fluids [J]. The Journal of Chemical Physics, 1954, 22 (3): 398-413.

[139] Kubo R. Statistical-Mechanical Theory of Irreversible Processes. I. General Theory and Simple Applications to Magnetic and Conduction Problems [J]. Journal of the Physical Society of Japan, 1957, 12 (6): 570-586.

[140] Hoover W G, Ashurst W T. Nonequilibrium molecular dynamics [J]. Theoretical chemistry: Advances and perspectives, 1975, 1: 1.

[141] Ciccotti G, Tenenbaum A. Canonical ensemble and nonequilibrium states by molecular dynamics [J]. Journal of Statistical Physics, 1980, 23: 767.

[142] Tenenbaum A, Ciccotti G, Gallico R. Stationary nonequilibrium states by molecular dynamics. Fourier's law [J]. Physical Review A, 1982, 25: 2778-2787.

[143] Ikeshoji T, Hafskjold B. Non-equilibrium molecular dynamics calculation of heat conduction in liquid and through liquid-gas interface [J]. Molecular Physics, 1994, 81 (2): 251-261.

[144] Ller-Plathe F M U. A simple nonequilibrium molecular dynamics method for calculating the thermal conductivity [J]. The Journal of Chemical Physics, 1997, 106 (14): 6082-6085.

[145] Puech L A B G. Mobility of the 3He solid-liquid interface: Experiment and theory [J]. Journal of Low Temperature Physics, 1986, 62 (3): 315-327.

[146] Barrat J L, Chiaruttini F. Kapitza resistance at the liquid-solid interface [J]. Molecular Physics, 2003, 101 (11): 1605-1610.

[147] Chalopin Y, Esfarjani K, Henry A, et al. Thermal interface conductance in Si/Ge superlattices by equilibrium molecular dynamics [J]. Physical Review B, 2012, 85 (19): 195302.

[148] Merabia S, Termentzidis K. Thermal conductance at the interface between crystals using equilibrium and nonequilibrium molecular dynamics [J]. Physical Review B, 2012, 86: 94303.

[149] Liang Z, Keblinski P. Finite-size effects on molecular dynamics interfacial thermal-resistance predictions [J]. Physical Review B, 2014, 90 (7): 75411.

[150] Matsubara H, Kikugawa G, Bessho T, et al. Evaluation of thermal conductivity and its structural dependence of a single nanodiamond using molecular dynamics simulation [J]. Diamond and Related Materials, 2020, 102: 107669.

[151] Sellan D P, Landry E S, Turney J E, et al. Size effects in molecular dynamics thermal conductivity predictions [J]. Physical Review B, 2010, 81 (21): 214305.

[152] He Y, Savic I, Donadio D, et al. Lattice thermal conductivity of semiconducting bulk materials: atomistic simulations [J]. Physical Chemistry Chemical Physics, 2012, 14: 16209-16222.

[153] Rurali R. Colloquium: Structural, electronic, and transport properties of silicon nanowires [J]. Reviews of Modern Physics, 2010, 82 (1): 427-449.

[154] Marconnet A M, Panzer M A, Goodson K E. Thermal conduction phenomena in carbon nanotubes and related nanostructured materials [J]. Reviews of Modern Physics, 2013, 85 (3): 1295-1326.

[155] Gu X, Wei Y, Yin X, et al. Colloquium: Phononic thermal properties of two-dimensional materials [J]. Reviews of Modern Physics, 2018, 90 (4): 41002.

[156] Neophytou N, Ahmed S, Klimeck G. Influence of vacancies on metallic nanotube transport properties [J]. Applied Physics Letters, 2007, 90 (18): 182119.

[157] Fan Z, Pereira L F C, Wang H, et al. Force and heat current formulas for many-body potentials in molecular dynamics simulations with applications to thermal conductivity calculations [J]. Physical Review B, 2015, 92 (9): 94301.

[158] Fan Z, Gabourie A. {GPUMD-v2.5.1} [Z]. 2020.

[159] Fan Z, Wang Y, Gu X, et al. A minimal Tersoff potential for diamond silicon with improved descriptions of elastic and phonon transport properties [J]. Journal of Physics: Condensed Matter, 2020, 32 (13): 135901.

[160] de Sousa Oliveira L, Hosseini S A, Greaney A, et al. Heat current anticorrelation effects leading to thermal conductivity reduction in nanoporous Si [J]. Physical Review B, 2020,

102: 205405.

[161] Fernando K M, Schelling P K. Non-local linear-response functions for thermal transport computed with equilibrium molecular-dynamics simulation [J]. Journal of Applied Physics, 2020, 128 (21): 215105.

[162] Alvarez F X, Jou D. Memory and nonlocal effects in heat transport: From diffusive to ballistic regimes [J]. Applied Physics Letters, 2007, 90 (8): 83109.

[163] Howell P C. Comparison of molecular dynamics methods and interatomic potentials for calculating the thermal conductivity of silicon [J]. Journal of Chemical Physics, 2012, 137 (22): 224111.

[164] Dong H, Xiong S, Fan Z, et al. Interpretation of apparent thermal conductivity in finite systems from equilibrium molecular dynamics simulations [J]. Physical Review B, 2021, 103 (3): 35417.

[165] Zhang X L, Xie H, Hu M, et al. Thermal conductivity of silicene calculated using an optimized Stillinger-Weber potential [J]. Physical Review B, 2014, 89 (5): 54310.

[166] Zhang C Z, Sun Q. Gaussian approximation potential for studying the thermal conductivity of silicene [J]. Journal of Applied Physics, 2019, 126 (10): 105103.

[167] Fan Z Y, Siro T, Harju A. Accelerated molecular dynamics force evaluation on graphics processing units for thermal conductivity calculations [J]. Computer Physics Communications, 2013, 184 (5): 1414-1425.

[168] Fan Z, Chen W, Vierimaa V, et al. Efficient molecular dynamics simulations with many-body potentials on graphics processing units [J]. Computer Physics Communications, 2017, 218: 10-16.

[169] Novikov I S, Gubaev K, Podryabinkin E V, et al. The MLIP package: moment tensor potentials with MPI and active learning [J]. Machine Learning: Science and Technology, 2021, 2 (2): 25002.

[170] Novoselov K S, Mishchenko A, Carvalho A, et al. 2D materials and van der Waals heterostructures [J]. Science, 2016, 353 (6298).

[171] Han G H, Rodriguez-Manzo J A, Lee C W, et al. Continuous Growth of Hexagonal Graphene and Boron Nitride In-Plane Heterostructures by Atmospheric Pressure Chemical Vapor Deposition [J]. ACS Nano, 2013, 7 (11): 10129-10138.

[172] Gao Y B, Zhang Y F, Chen P C, et al. Toward single-layer uniform hexagonal boron nitride-graphene patchworks with zigzag linking edges [J]. Nano Letters, 2013, 13 (7): 3439-3443.

[173] Liu M X, Li Y C, Chen P C, et al. Quasi-freestanding monolayer heterostructure of graphene and hexagonal boron nitride on Ir (111) with a zigzag boundary [J]. Nano Letters, 2014, 14 (11): 6342-6347.

[174] Ling X, Lin Y X, Ma Q, et al. Parallel Stitching of 2D Materials [J]. Advanced Materials, 2016, 28 (12): 2322-2329.

[175] Volz S, Ordonez-Miranda J, Shchepetov A, et al. Nanophononics: state of the art and perspectives [J]. European Physical Journal B, 2016, 89 (1): 15.

[176] Ni Y X, Zhang H G, Hu S, et al. Interface diffusion-induced phonon localization in two-dimensional lateral heterostructures [J]. International Journal of Heat and Mass Transfer, 2019, 144: 118608.

[177] Song J R, Xu Z H, He X D, et al. Effect of strain and defects on the thermal conductance of the graphene/hexagonal boron nitride interface [J]. Physical Chemistry Chemical Physics, 2020, 22 (20): 11537-11545.

[178] Hirvonen P, Heinonen V, Dong H, et al. Phase-field crystal model for heterostructures [J]. Physical Review B, 2019, 100 (16): 165412.

[179] Hirvonen P, Ervasti M M, Fan Z Y, et al. Multiscale modeling of polycrystalline graphene: A comparison of structure and defect energies of realistic samples from phase field crystal models [J]. Physical Review B, 2016, 94 (3): 35414.

[180] Taha D, Mkhonta S K, Elder K R, et al. Grain Boundary Structures and Collective Dynamics of Inversion Domains in Binary Two-Dimensional Materials [J]. Physical Review Letters, 2017, 118 (25): 255501.

[181] Provatas N, Elder K. Phase-field methods in materials science and engineering [M]. John Wiley & Sons, 2011.

[182] Hirvonen P. Phase field crystal modeling of two-dimensional materials [D]. Aalto University, 2019.

[183] Kinaci A, Haskins J B, Sevik C, et al. Thermal conductivity of BN-C nanostructures [J]. Physical Review B, 2012, 86 (11): 115410.

[184] Berendsen H J C, Postma J P M, van Gunsteren W F, et al. Molecular dynamics with coupling to an external bath [J]. The Journal of Chemical Physics, 1984, 81 (8): 3684-3690.

[185] Bussi G, Parrinello M. Accurate sampling using Langevin dynamics [J]. Physical Review E, 2007, 75 (5): 56707.

[186] Fan Z, Dong H, Harju A, et al. Homogeneous nonequilibrium molecular dynamics method for heat transport and spectral decomposition with many-body potentials [J]. Physical Review B, 2019, 99 (6): 64308.

[187] Gabourie A J, Fan Z, Ala-Nissila T, et al. Spectral decomposition of thermal conductivity: Comparing velocity decomposition methods in homogeneous molecular dynamics simulations [J]. Physical Review B, 2021, 103 (20): 205421.

[188] Xu K, Fan Z, Zhang J, et al. Thermal transport properties of single-layer black phosphorus from extensive molecular dynamics simulations [J]. Modelling and Simulation in Materials Science and Engineering, 2018, 26 (8): 85001.

[189] Chalopin Y, Volz S. A microscopic formulation of the phonon transmission at the nanoscale [J]. Applied Physics Letters, 2013, 103 (5): 51602.

［190］Sääskilahti K, Oksanen J, Tulkki J, et al. Role of anharmonic phonon scattering in the spectrally decomposed thermal conductance at planar interfaces ［J］. Physical Review B, 2014, 90（13）: 134312.

［191］Zhou Y G, Hu M. Quantitatively analyzing phonon spectral contribution of thermal conductivity based on nonequilibrium molecular dynamics simulations. Ⅱ. From time Fourier transform ［J］. Physical Review B, 2015, 92（19）: 195205.

［192］Sääskilahti K, Oksanen J, Volz S, et al. Frequency-dependent phonon mean free path in carbon nanotubes from nonequilibrium molecular dynamics ［J］. Physical Review B, 2015, 91（11）: 115426.

［193］Lv W, Henry A. Direct calculation of modal contributions to thermal conductivity via Green-Kubo modal analysis ［J］. New Journal of Physics, 2016, 18（1）: 13028.

［194］Schelling P K, Phillpot S R, Keblinski P. Kapitza conductance and phonon scattering at grain boundaries by simulation ［J］. Journal of Applied Physics, 2004, 95（11）: 6082-6091.

［195］Plimpton S. Fast Parallel Algorithms for Short-Range Molecular Dynamics ［J］. Journal of Computational Physics, 1995, 117（1）: 1-19.

［196］Gill-Comeau M, Lewis L J. Heat conductivity in graphene and related materials: A time-domain modal analysis ［J］. Physical Review B, 2015, 92: 195404.

［197］Surblys D, Matsubara H, Kikugawa G, et al. Application of atomic stress to compute heat flux via molecular dynamics for systems with many-body interactions ［J］. Physical Review E, 2019, 99: 51301.

［198］Boone P, Babaei H, Wilmer C E. Heat Flux for Many-Body Interactions: Corrections to LAMMPS ［J］. Journal of Chemical Theory and Computation, 2019, 15（10）: 5579-5587.

［199］Li B W, Wang L, Casati G. Thermal diode: Rectification of heat flux ［J］. Physical Review Letters, 2004, 93（18）: 184301.

［200］Li N B, Ren J, Wang L, et al. Colloquium: Phononics: Manipulating heat flow with electronic analogs and beyond ［J］. Reviews of Modern Physics, 2012, 84（3）: 1045-1066.

［201］Malhotra A, Kothari K, Maldovan M. Cross-plane thermal conduction in superlattices: Impact of multiple length scales on phonon transport ［J］. Journal of Applied Physics, 2019, 125（4）: 44304.

［202］Hu M, Poulikakos D. Si/Ge Superlattice Nanowires with Ultralow Thermal Conductivity ［J］. Nano Letters, 2012, 12（11）: 5487-5494.

［203］Termentzidis K, Chantrenne P, Duquesne J, et al. Thermal conductivity of GaAs/AlAs superlattices and the puzzle of interfaces ［J］. Journal of Physics: Condensed Matter, 2010, 22（47）: 475001.

［204］Da Silva C, Saiz F, Romero D A, et al. Coherent phonon transport in short-period two-dimensional superlattices of graphene and boron nitride ［J］. Physical Review B, 2016, 93: 125427.

[205] Ravichandran J, Yadav A K, Cheaito R, et al. Crossover from incoherent to coherent phonon scattering in epitaxial oxide superlattices [J]. Nature Materials, 2014, 13 (2): 168-172.

[206] Latour B, Volz S, Chalopin Y. Microscopic description of thermal-phonon coherence: From coherent transport to diffuse interface scattering in superlattices [J]. Physical Review B, 2014, 90: 14307.

[207] Yu S, Ouyang M. Coherent Discriminatory Modal Manipulation of Acoustic Phonons at the Nanoscale [J]. Nano Letters, 2018, 18 (2): 1124-1129.

[208] Nandwana D, Ertekin E. Ripples, Strain, and Misfit Dislocations: Structure of Graphene-Boron Nitride Superlattice Interfaces [J]. Nano Letters, 2015, 15 (3): 1468-1475.

[209] Evans D J. Homogeneous NEMD algorithm for thermal conductivity—Application of non-canonical linear response theory [J]. Physics Letters A, 1982, 91 (9): 457-460.

[210] Banhart F, Kotakoski J, Krasheninnikov A V. Structural Defects in Graphene [J]. ACS Nano, 2011, 5 (1): 26-41.

[211] Dong H, Fan Z, Qian P, et al. Thermal conductivity reduction in carbon nanotube by fullerene encapsulation: A molecular dynamics study [J]. Carbon, 2020, 161: 800-808.

[212] Barrat J L, Chiaruttini F. Kapitza resistance at the liquid-solid interface [J]. Molecular Physics, 2003, 101 (11): 1605-1610.

[213] Iijima S, Ichihashi T. Single-shell carbon nanotubes of 1-nm diameter [J]. Nature, 1993, 363 (6430): 603.

[214] Bethune D S, Kiang C H, De Vries M S, et al. Cobalt-catalysed growth of carbon nanotubes with single-atomic-layer walls [J]. Nature, 1993, 363 (6430): 605.

[215] Kroto H W, Heath J R, O'Brien S C, et al. C_{60}: Buckminsterfullerene [J]. Nature, 1985, 318 (6042): 162-163.

[216] Smith B W, Monthioux M, Luzzi D E. Encapsulated C_{60} in carbon nanotubes [J]. Nature, 1998, 396 (6709): 323.

[217] Okada S, Saito S, Oshiyama A. Energetics and Electronic Structures of Encapsulated C_{60} in a Carbon Nanotube [J]. Physical Review Letters, 2001, 86: 3835-3838.

[218] Kataura H, Maniwa Y, Abe M, et al. Optical properties of fullerene and non-fullerene peapods [J]. Applied Physics A, 2002, 74 (3): 349-354.

[219] Hornbaker D J, Kahng S J, Misra S, et al. Mapping the one-dimensional electronic states of nanotube peapod structures [J]. Science, 2002, 295 (5556): 828-831.

[220] Vavro J, Llaguno M C, Satishkumar B C, et al. Electrical and thermal properties of C_{60}-filled single-wall carbon nanotubes [J]. Applied Physics Letters, 2002, 80 (8): 1450-1452.

[221] Ohno Y, Kurokawa Y, Kishimoto S, et al. Synthesis of carbon nanotube peapods directly on Si substrates [J]. Applied Physics Letters, 2005, 86 (2): 23109.

[222] Okazaki T, Okubo S, Nakanishi T, et al. Optical Band Gap Modification of Single-Walled Carbon Nanotubes by Encapsulated Fullerenes [J]. Journal of the American Chemical Society, 2008, 130 (12): 4122-4128.

[223] Li J Q, Shen H J. Effects of fullerene coalescence on the thermal conductivity of carbon nanopeapods [J]. Molecular Physics, 2018, 116 (10): 1297-1305.

[224] Ong Z Y, Pop E, Shiomi J. Reduction of phonon lifetimes and thermal conductivity of a carbon nanotube on amorphous silica [J]. Physical Review B, 2011, 84 (16): 165418.

[225] Girifalco L A, Hodak M, Lee R S. Carbon nanotubes, buckyballs, ropes, and a universal graphitic potential [J]. Physical Review B, 2000, 62 (19): 13104-13110.

[226] Yazyev O V, Louie S G. Topological defects in graphene: Dislocations and grain boundaries [J]. Physical Review B, 2010, 81 (19): 195420.

[227] Swope W C, Andersen H C, Berens P H, et al. A computer simulation method for the calculation of equilibrium constants for the formation of physical clusters of molecules: Application to small water clusters [J]. The Journal of Chemical Physics, 1982, 76 (1): 637-649.

[228] Brenner D W. Empirical potential for hydrocarbons for use in simulating the chemical vapor deposition of diamond films [J]. Physical Review B, 1990, 42: 9458-9471.

[229] Brenner D W, Shenderova O A, Harrison J A, et al. A second-generation reactive empirical bond order (REBO) potential energy expression for hydrocarbons [J]. Journal of Physics: Condensed Matter, 2002, 14 (4): 783-802.

[230] Matsubara H, Kikugawa G, Ishikiriyama M, et al. Equivalence of the EMD- and NEMD-based decomposition of thermal conductivity into microscopic building blocks [J]. Journal of Chemical Physics, 2017, 147 (11): 114104.

[231] Mandadapu K K, Jones R E, Papadopoulos P. A homogeneous nonequilibrium molecular dynamics method for calculating thermal conductivity with a three-body potential [J]. Journal of Chemical Physics, 2009, 130 (20): 204106.

[232] Dongre B, Wang T, Madsen G. Comparison of the Green-Kubo and homogeneous non-equilibrium molecular dynamics methods for calculating thermal conductivity [J]. Modelling and Simulation in Materials Science and Engineering, 2017, 25 (5): 54001.

[233] Lebedeva I V, Knizhnik A A, Popov A M, et al. Interlayer interaction and relative vibrations of bilayer graphene [J]. Physical Chemistry Chemical Physics, 2011, 13 (13): 5687-5695.

[234] Yang S, Li W, Ye C, et al. C_3N—A 2D Crystalline, Hole-Free, Tunable-Narrow-Bandgap Semiconductor with Ferromagnetic Properties [J]. Advanced Materials, 2017, 29 (16): 1605625.

[235] Mahmood J, Lee E K, Jung M, et al. Two-dimensional polyaniline (C_3N) from carbonized organic single crystals in solid state [J]. Proceedings of the National Academy of Sciences, 2016, 113 (27): 7414-7419.

[236] Algara-Siller G, Severin N, Chong S Y, et al. Triazine-Based Graphitic Carbon Nitride: a Two-Dimensional Semiconductor [J]. Angewandte Chemie International Edition, 2014, 53 (29): 7450-7455.

［237］ Miller T S, Suter T M, Telford A M, et al. Single Crystal, Luminescent Carbon Nitride Nanosheets Formed by Spontaneous Dissolution ［J］. Nano Letters, 2017, 17 (10): 5891-5896.

［238］ Kawaguchi M. B/C/N Materials Based on the Graphite Network ［J］. Advanced Materials, 1997, 9 (8): 615-625.

［239］ Wang H, Li Q, Pan H, et al. Comparative investigation of the mechanical, electrical and thermal transport properties in graphene-like C3B and C3N ［J］. Journal of Applied Physics, 2019, 126 (23): 234302.

［240］ Mortazavi B, Shahrokhi M, Shapeev A V, et al. Prediction of C_7N_6 and C_9N_4: stable and strong porous carbon-nitride nanosheets with attractive electronic and optical properties ［J］. Journal of Materials Chemistry C, 2019, 7 (35): 10908-10917.

［241］ Bafekry A, Stampfl C, Ghergherehchi M, et al. A first-principles study of the effects of atom impurities, defects, strain, electric field and layer thickness on the electronic and magnetic properties of the C2N nanosheet ［J］. Carbon, 2020, 157: 371-384.

［242］ Wang Z, Zeng Z, Nong W, et al. Metallic C_5N monolayer as an efficient catalyst for accelerating redox kinetics of sulfur in lithium-sulfur batteries ［J］. Physical Chemistry Chemical Physics, 2022, 24 (1): 180-190.

［243］ Deringer V L, Cs Anyi G A. Machine learning based interatomic potential for amorphous carbon ［J］. Physical Review B, 2017, 95: 94203.

［244］ Bart Ok A P, Payne M C, Kondor R, et al. Gaussian Approximation Potentials: The Accuracy of Quantum Mechanics, without the Electrons ［J］. Physical Review Letters, 2010, 104: 136403.

［245］ Bart Ok A P, Kondor R, Cs Anyi G A. On representing chemical environments ［J］. Physical Review B, 2013, 87: 184115.

［246］ Wang H, Zhang L F, Han J Q, et al. DeePMD-kit: A deep learning package for many-body potential energy representation and molecular dynamics ［J］. Computer Physics Communications, 2018, 228: 178-184.

［247］ Kang J, Goddard W A, Wang L, et al. Density functional theory based neural network force fields from energy decompositions ［J］. Physical Review B, 2019, 99 (6): 64103.

［248］ Qian X, Peng S, Li X, et al. Thermal conductivity modeling using machine learning potentials: application to crystalline and amorphous silicon ［J］. Materials Today Physics, 2019, 10: 100140.

［249］ Li R, Lee E, Luo T. A unified deep neural network potential capable of predicting thermal conductivity of silicon in different phases ［J］. Materials Today Physics, 2020, 12: 100181.

［250］ Tadmor E B, Wen M. Hybrid neural network potential for multilayer graphene ［J］. Physical Review B, 2019, 100 (19): 195419.

［251］ Zhang Y, Shen C, Long T, et al. Thermal conductivity of h-BN monolayers using machine learning interatomic potential ［J］. Journal of Physics: Condensed Matter, 2020, 33

(10): 105903.

[252] Mortazavi B, Podryabinkin E V, Novikov I S, et al. Efficient machine-learning based interatomic potentialsfor exploring thermal conductivity in two-dimensional materials [J]. Journal of Physics: Materials, 2020, 3 (2): 2L.

[253] Gu X, Zhao C Y. Thermal conductivity of single-layer $MoS_{2(1-x)}Se_{2x}$ alloys from molecular dynamics simulations with a machine-learning-based interatomic potential [J]. Computational Materials Science, 2019, 165: 74-81.

[254] Daw M S, Baskes M I. Embedded-atom method: Derivation and application to impurities, surfaces, and other defects in metals [J]. Physical Review B, 1984, 29: 6443-6453.

[255] Drautz R. Atomic cluster expansion for accurate and transferable interatomic potentials [J]. Physical Review B, 2019, 99 (1): 14104.

[256] Kresse, Furthmuller. Efficient iterative schemes for ab initio total-energy calculations using a plane-wave basis set [J]. Physical review. B, Condensed matter, 1996, 54 (16): 11169-11186.

[257] Joubert D, Kresse G. From ultrasoft pseudopotentials to the projector augmented-wave method [J]. Physical Review B, 1999, 59 (3): 1758-1775.

[258] Burke K, Ernzerhof M, Perdew J P. Generalized Gradient Approximation Made Simple [J]. Physical Review Letters, 1996, 77 (18): 3865-3868.

[259] Mortazavi B, Rajabpour A, Zhuang X, et al. Exploring thermal expansion of carbon-based nanosheets by machine-learning interatomic potentials [J]. Carbon, 2022, 186: 501-508.